Dr. med. vet. Susanne Hauswirth

Wissen kompakt – Akupunktur Hund

Phoenix & Drache

Allgemeiner Hinweis

rote Schrift = Yang zugehörig

blaue Schrift = Yin zugehörig

Hinweis zur Organuhr (S. 21)

Kreislauf, Sexus = veraltete Bezeichung für Pericard

Glossar zu den acht Leitkriterien (S. 27)

ex = exogene

pF = pathogener Faktor

SH = Schleimhaut

DF = Durchfall

gg = gegen

konz./unkonz. = konzentriert/unkonzentriert

Glossar zu den Punkten (S. 30)

MP = Meisterpunkt

Erklärung zu den benutzten Farben in den Hundeabbildungen (S. 44 ff)

hellblau = medialer Verlauf

dunkelblau = lateraler Verlauf

gepunktet = Nebenverlauf

roter Punkt = Öffner

Die Kreise spiegeln die Haupteinflussareale wider.

Inhaltsverzeichnis

Vorwort

Schon lange hatte ich den Wunsch, meinen Schülern und anderen interessierten Akupunktur-Kleintiertherapeuten ein unkompliziertes Nachschlagewerk an die Hand geben zu können, ein Kompendium, das es ihnen im Handumdrehen ermöglichen sollte, eine passende Diagnose zu finden und eine sichere Therapie zu wählen. Ich wollte die Grundsätze der Akupunktur auf einfache Art gut praktizierbar darstellen und so dazu beitragen, Unsicherheiten oder die Angst, Fehler zu machen, zu minimieren.

Akupunktur ist eine sehr sichere Therapie, wenn man sich das nötige Wissen angeeignet und die grundlegenden Prinzipien verstanden hat. Dieses Wissen und die grundlegenden Prinzipien haben Sie als Absolvent meiner Kurse im Kopf – nun haben Sie sie zur Sicherheit auch in der Kitteltasche!

Neben den Darstellungen der 12 Hauptmeridiane bietet das Buch einen Überblick über den gesamten inneren und äußeren Verlauf der acht außerordentlichen Meridiane am Hund und deren Haupteinflussareale. In übersichtlichen Schaubildern werden die Haupt- und Nebenverläufe inklusive ihrer Punkte dargestellt. Zusätzlich finden Sie eine kurze Erklärung zu deren Einsatzgebiet sowie zur Physiologie und Pathologie.

Ein weiteres Novum in der Tierakupunktur sind die Therapieziele mit den dazu gehörigen Lösungspunkten. Sobald Sie ein Disharmoniemuster Ihres Patienten erstellt haben und das Therapieziel klar ist, können Sie den oder die passenden Therapiepunkt/e nach Funktionskreisen geordnet auswählen.

Der Inhalt dieses Buches ist Teil des Unterrichtsstoffes der sieben Ausbildungswochenenden »Akupunktur am Tier« am Therapie- und Seminarzentrum für Tiertherapeuten in Börm.

Ich wünsche Ihnen ein erfolgreiches Arbeiten zum Wohle unserer Tiere.

Dr. med. vet. Susanne Hauswirth
Börm im August 2012

Wichtiger Hinweis für den Benutzer:

Das Kompendium wurde nach bestem Wissen und Gewissen zusammengestellt. Die Autorin und der Verlag schließen jede Haftung durch fehlerhafte Behandlung aus.

Allgemeines

Die Skelettfolie, die Sie in der Umschlagtasche des hinteren Klappendeckels des Buches finden, passt auf jedes in diesem Buch abgedruckte Hundebild. Mit Hilfe dieser Folie ist das Auffinden der Punkte in praxi durch markante Knochenpunkte leicht durchführbar.

Des Weiteren finden Sie ein Schlagwortverzeichnis (Mind-Map) zu den in den Hundefotos eingezeichneten Punkten, so wie sie in den Kursen des TSZ gelehrt werden.

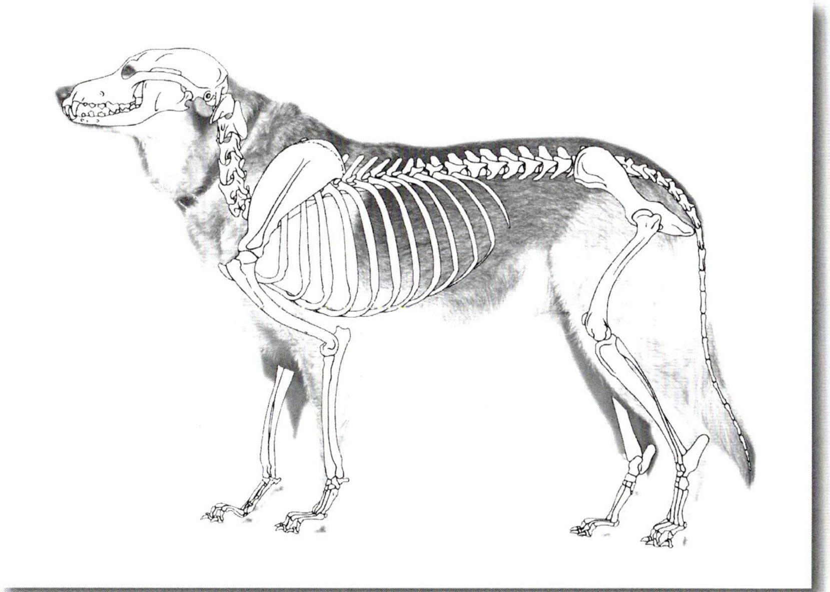

Punkte-Mind-Map — Hund

Lunge

Lu 1	Alarmpunkt Lunge
Lu 7	Tigermaul (Wei-Qi-Stärker, Öffner KG, Luo-Punkt)
Lu 9	Yuan-Punkt
Lu 11	Anti-Halsschmerzpunkt

Dickdarm

Di 1	Tingpunkt
Di 4	Aspirinpunkt (schmerzlindernd, fiebersenkend, Yuan-Punkt)
Di 6	Luo-Punkt
Di 10	Magen 36 vorne
Di 11	Wind-Feuchte ausleitend, Cortisonpunkt
Di 16	Zähne und Halsband
Di 20	Schnupfenpunkt

Magen

Ma 1	Augenpunkt
Ma 4	Kiefersperre
Ma 6	Kiefersperre
Ma 7	Xian Guan
Ma 25	Alarmpunkt Dickdarm
Ma 35	Lue Cao, Knieauge
Ma 36	Burn-out-Punkt, Meisterpunkt des Gastrointestinaltraktes
Ma 38	bei Schulterlahmheit auf der Dickdarm-Achse
Ma 40	Schleimlöser
Ma 45	Tingpunkt

Milz

Mi 1	Blutstopper
Mi 4	Öffner des Chong Mai
Mi 6	Kreuzungspunkt der 3 Yin-Meridiane am Bein, Blutbildner und Feuchtigkeitsverteiler
Mi 9	Feuchtigkeitsverteiler
Mi 10	Blutbildner
Mi 20	Bugpunkt

Herz

He 3	Epilepsiepunkt, »Dach-Shen-Kitter«
He 7	Wolke 7
He 9	Notfallpunkt Ohnmacht, Kollaps

Dünndarm

Dü 1	Milchflussbeschleuniger
Dü 3	Zipfelchenpunkt, Öffner des LG
Dü 9	Schulterpunkt
Dü 11	Fei Pan (Husten, Schulterprobleme)
Dü 12	Fei Men
Dü 13	Gong Zhi (Pneumoakupunktur)
Dü 17	HWS Problematik
Dü 19	Endpunkt

Blase

Bl 1	Rückenfreipuster
Bl 10	liegendes Kaninchen, HWS-Symptomatik
Bl 11	Meisterpunkt der Knochen
Bl 13	Zustimmungspunkt der Lunge
Bl 14	Zustimmungspunkt des Pericards
Bl 15	Zustimmungspunkt des Herzens
Bl 16	Zustimmungspunkt des Lenkergefässes
Bl 17	Meisterpunkt des Blutes
Bl 18	Zustimmungspunkt der Leber
Bl 19	Zustimmungspunkt der Gallenblase
Bl 20	Zustimmungspunkt der Milz
Bl 21	Zustimmungspunkt des Magens
Bl 22	Zustimmungspunkt des 3 Erwärmers
Bl 23	Zustimmungspunkt der Niere
Bl 24	Zustimmungspunkt des Qi
Bl 25	Zustimmungspunkt des Dickdarms
Bl 26	Kniepunkt
Bl 27	Zustimmungspunkt des Dünndarms
Bl 28	Zustimmungspunkt der Blase
Bl 31	8 - Dörfer
Bl 32	8 - Dörfer
Bl 33	8 - Dörfer
Bl 34	8 - Dörfer
Bl 36	Schmerzhafte Muskelverspannung der Hintergliedmaßen
Bl 37	Schmerzhafte Muskelverspannung der Hintergliedmaßen
Bl 38	Schmerzhafte Muskelverspannung der Hintergliedmaßen
Bl 40	Meisterpunkt der Hintergliedmaßen, Antihistamin-Punkt
Bl 60	Stärker des Rückens
Bl 62	Öffner des Yang Qiao Mai
Bl 67	Tingpunkt, Fetus-Dreh-Punkt

Niere

Ni 1	Notfallpunkt in der Narkose
Ni 3	Komplexmittelpunkt (Ni-Yang, Ni-Yin, Ni-Qi und Ni-Jing-Stärker)
Ni 5	Spalten-Xi-Punkt
Ni 6	Stärker des Ni-Yin
Ni 7	Stärker des Ni-Yang
Ni 27	Asthmapunkt, Wei-Qi-Stärker

Pericard

Pc 6	Anti-Spuckpunkt, Lösungspunkt bei Pericard-Pferden
Pc 9	Notfallpunkt bei Schock

Dreifacher Erwärmer

3 E 1	Tingpunkt
3 E 5	Pathogen-Vertreiber
3 E 15	Meridian-Obstruktion, Schulterprobleme
3E 23	Endpunkt, nimmt Leber-Wind die Kraft

Gallenblase

Gb 1	Anfangspunkt
Gb 20	Hüftentblocker kontralateral
Gb 21	Anzeiger für den Yang-Wei-Mai
Gb 24	Alarmpunkt Gallenblase
Gb 25	Alarmpunkt der Niere
Gb 26	Diagnostischer Punkt für das Gürtelgefäß
Gb 29	Juliao, Beckenprobleme
Gb 30	Huantiao, Hüftprobleme
Gb 31	»Hände an die Hosennaht«: macht den Schinken frei
Gb 34	»Lenorpunkt«: Meisterpunkt für Sehnen und Bänder
Gb 39	Meisterpunkt fürs Knochenmark
Gb 41	Öffner des Gürtels
Gb 44	Tingpunkt

Leber

Le 1	Blutstopper
Le 2	Sedierungspunkt
Le 3	Buscopan-Punkt
Le 8	genitaler Juckreizstiller
Le 13	Alarmpunkt der Milz
Le 14	Alarmpunkt der Leber

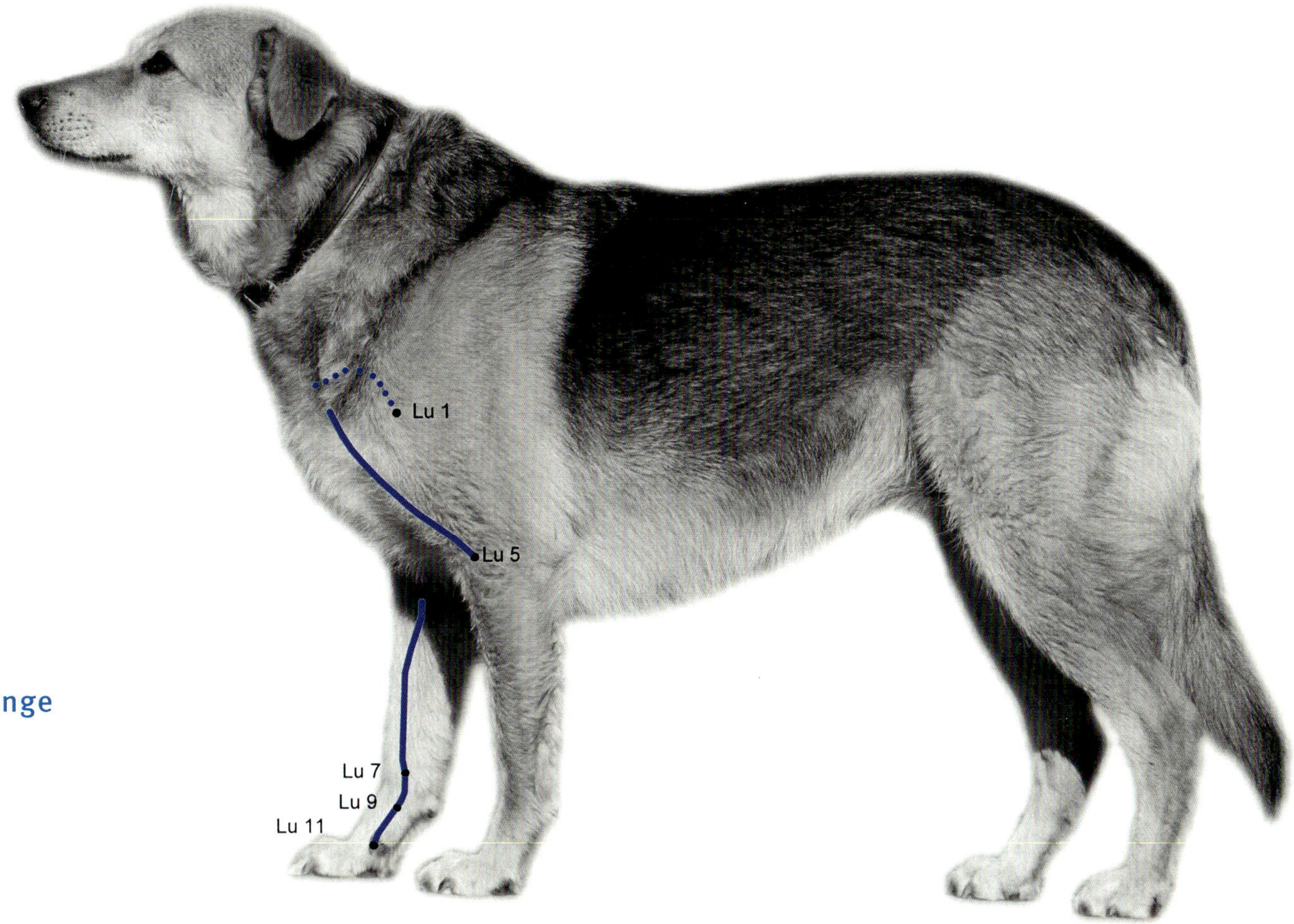

Lunge

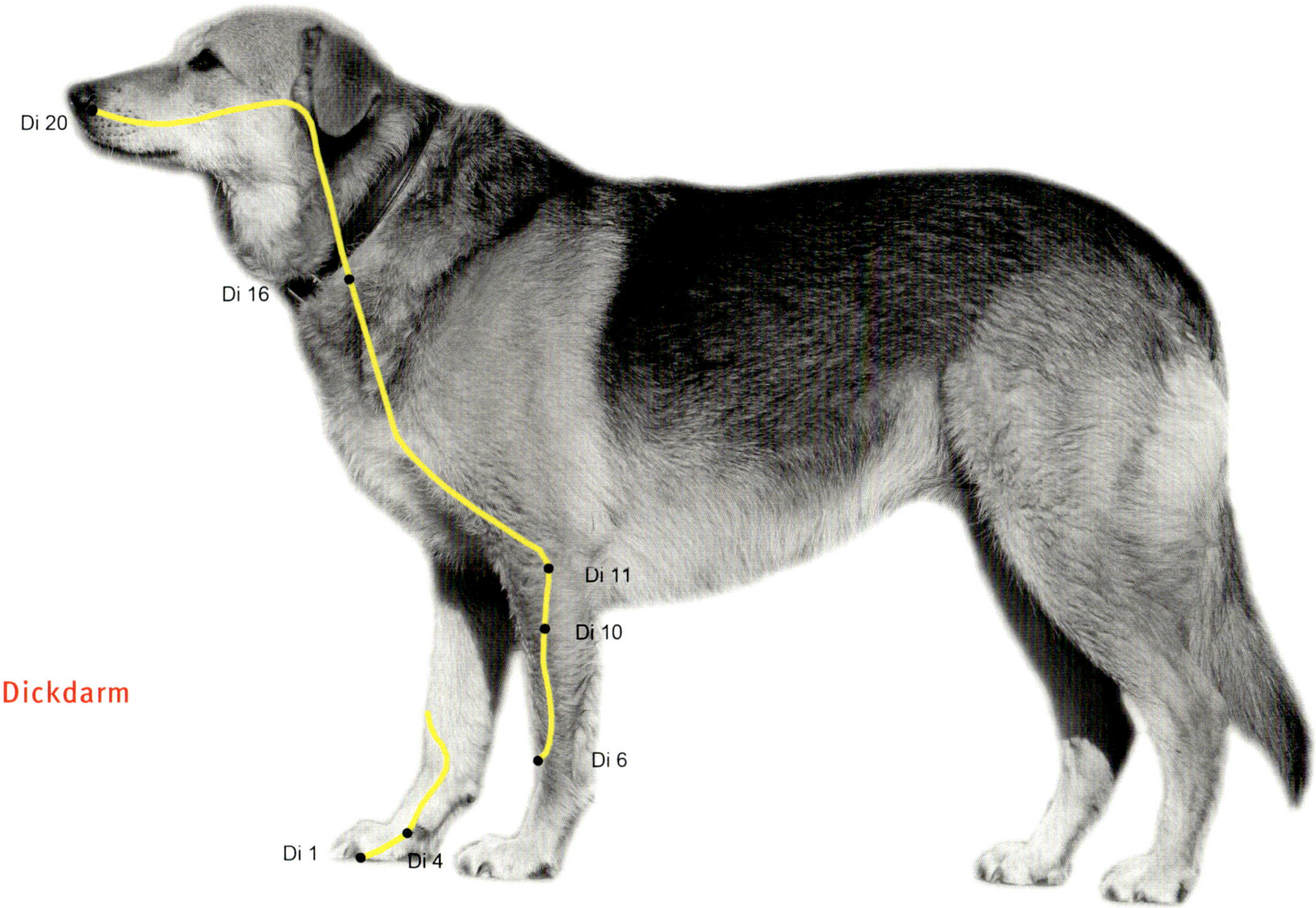

Dickdarm

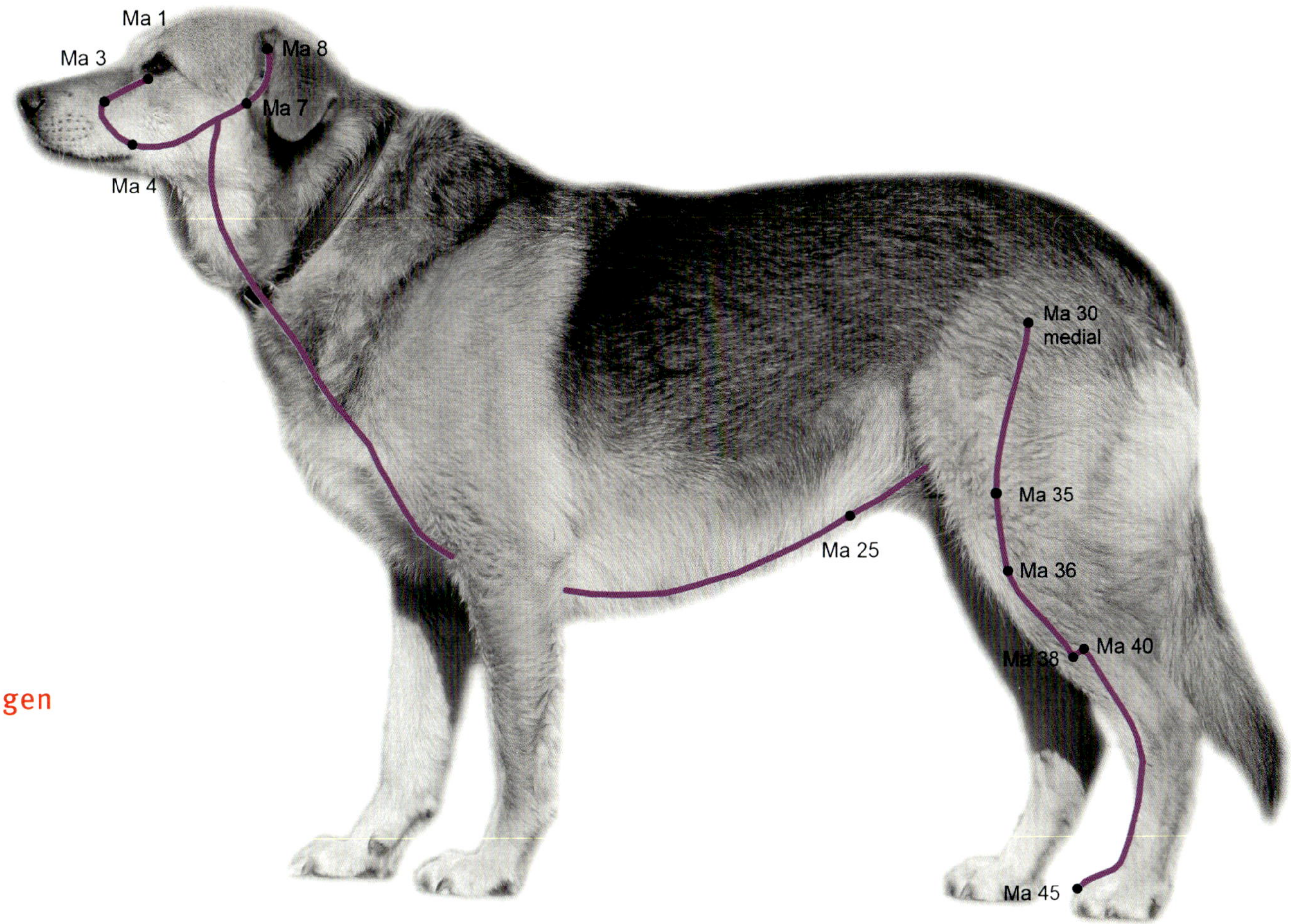

Magen

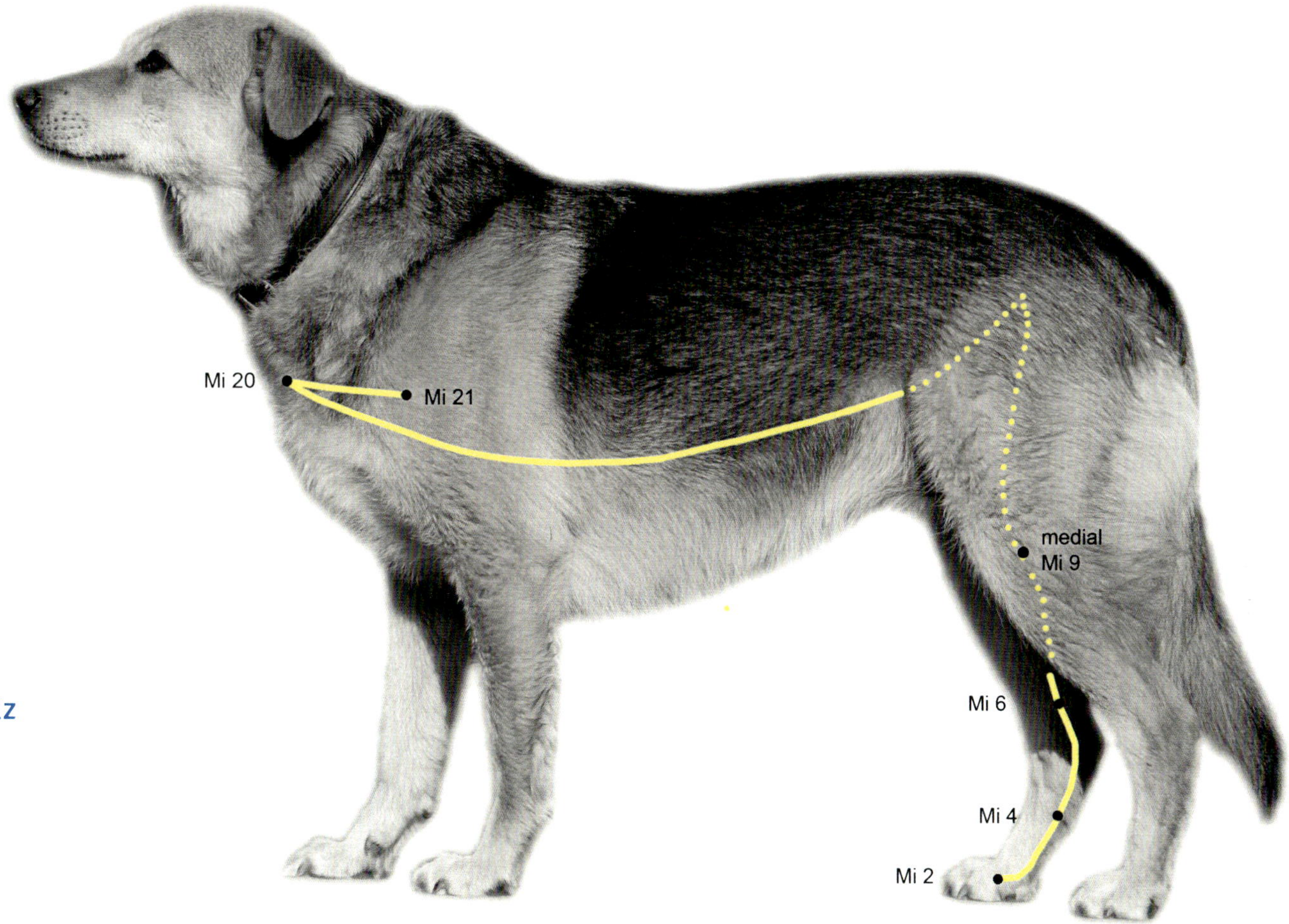

Milz

Herz

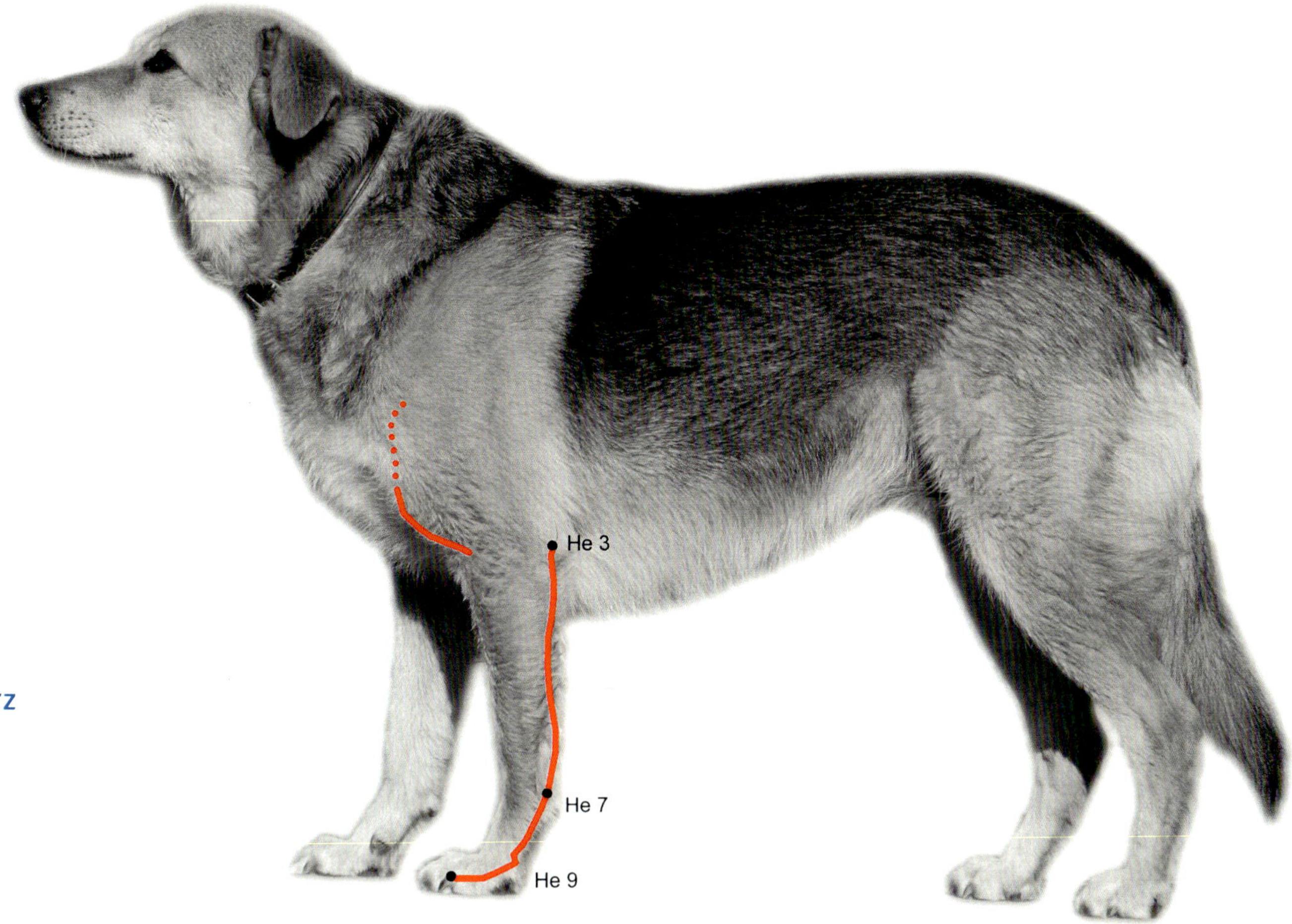

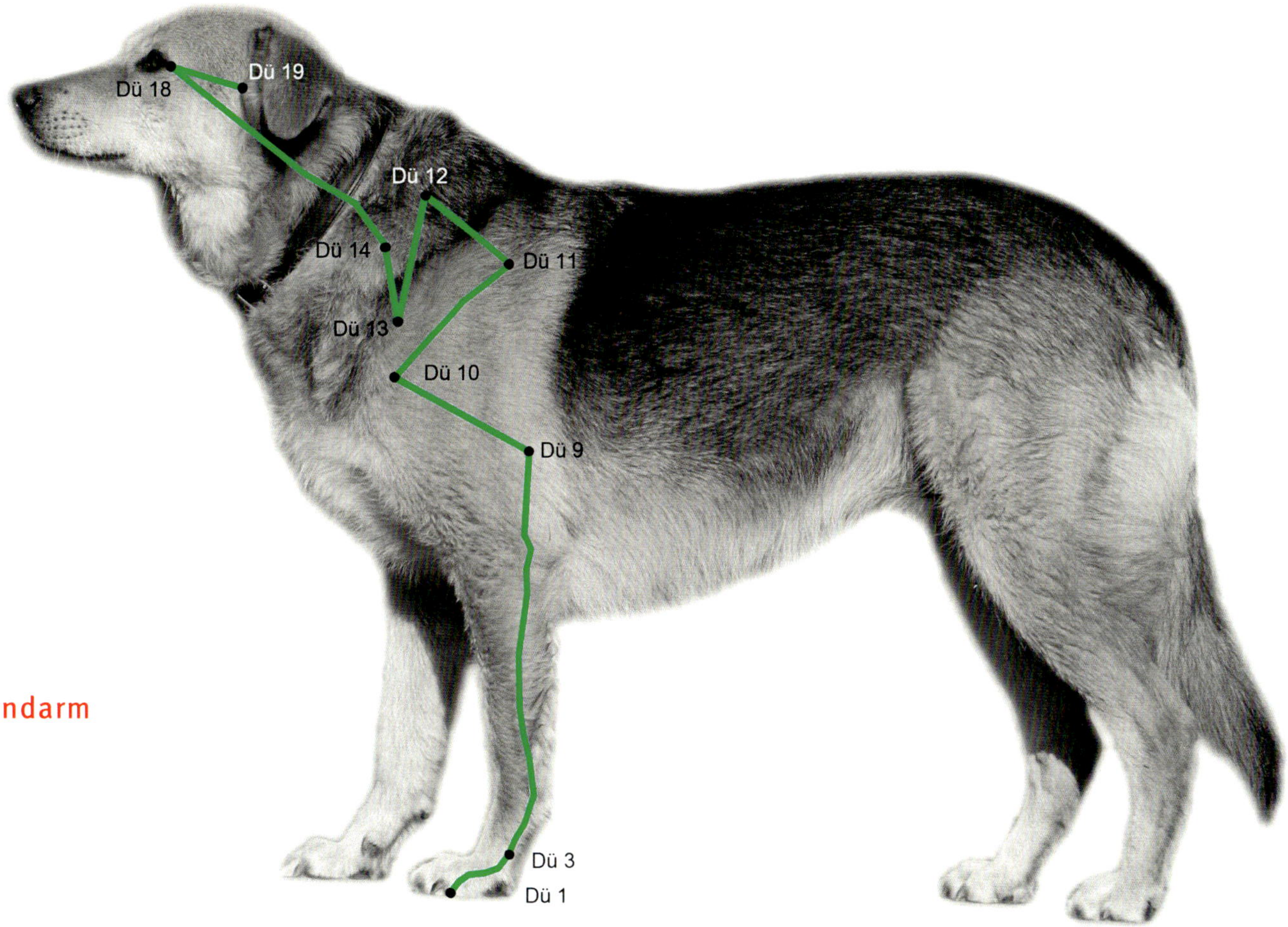

Dünndarm

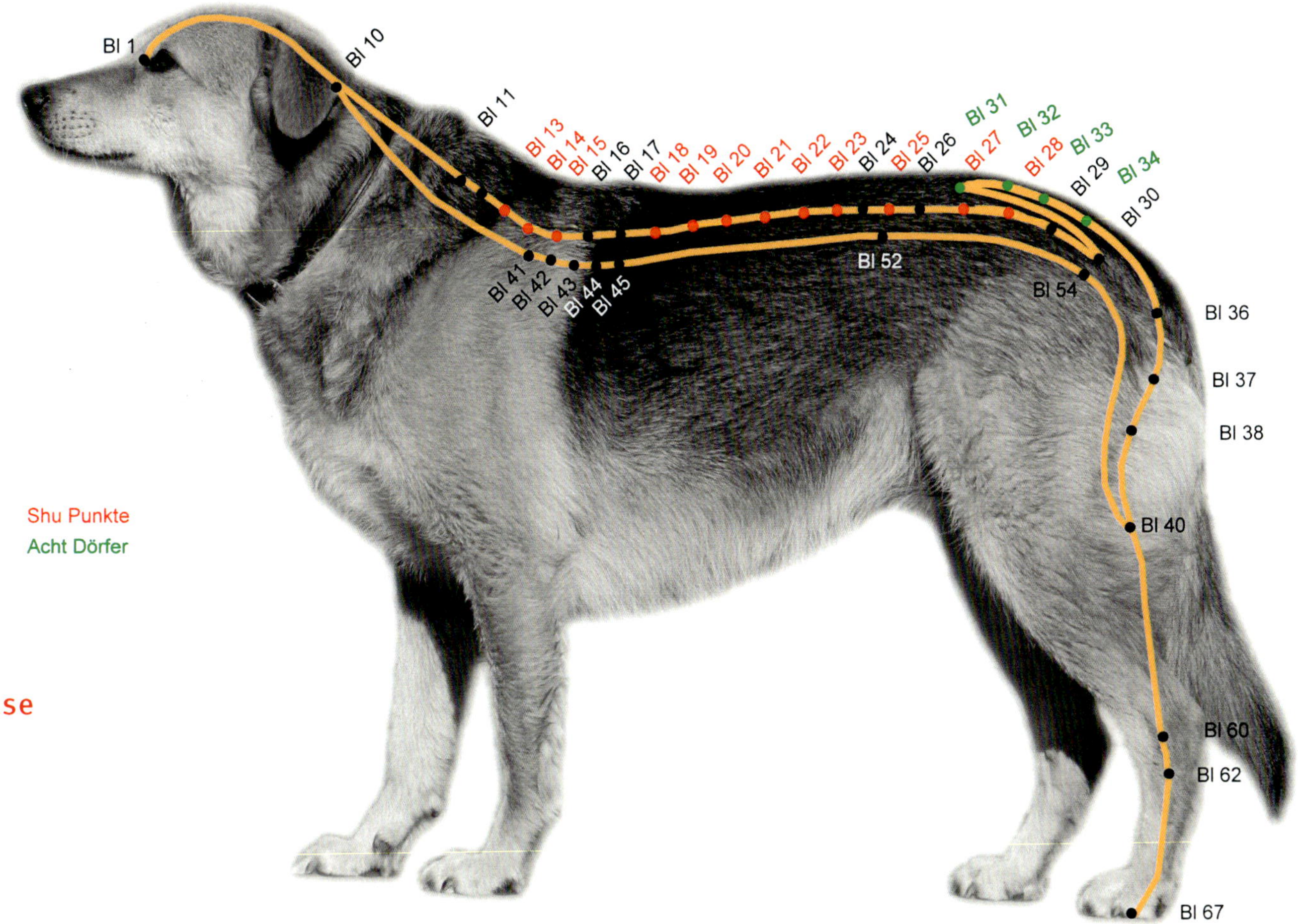

Shu Punkte
Acht Dörfer

Blase

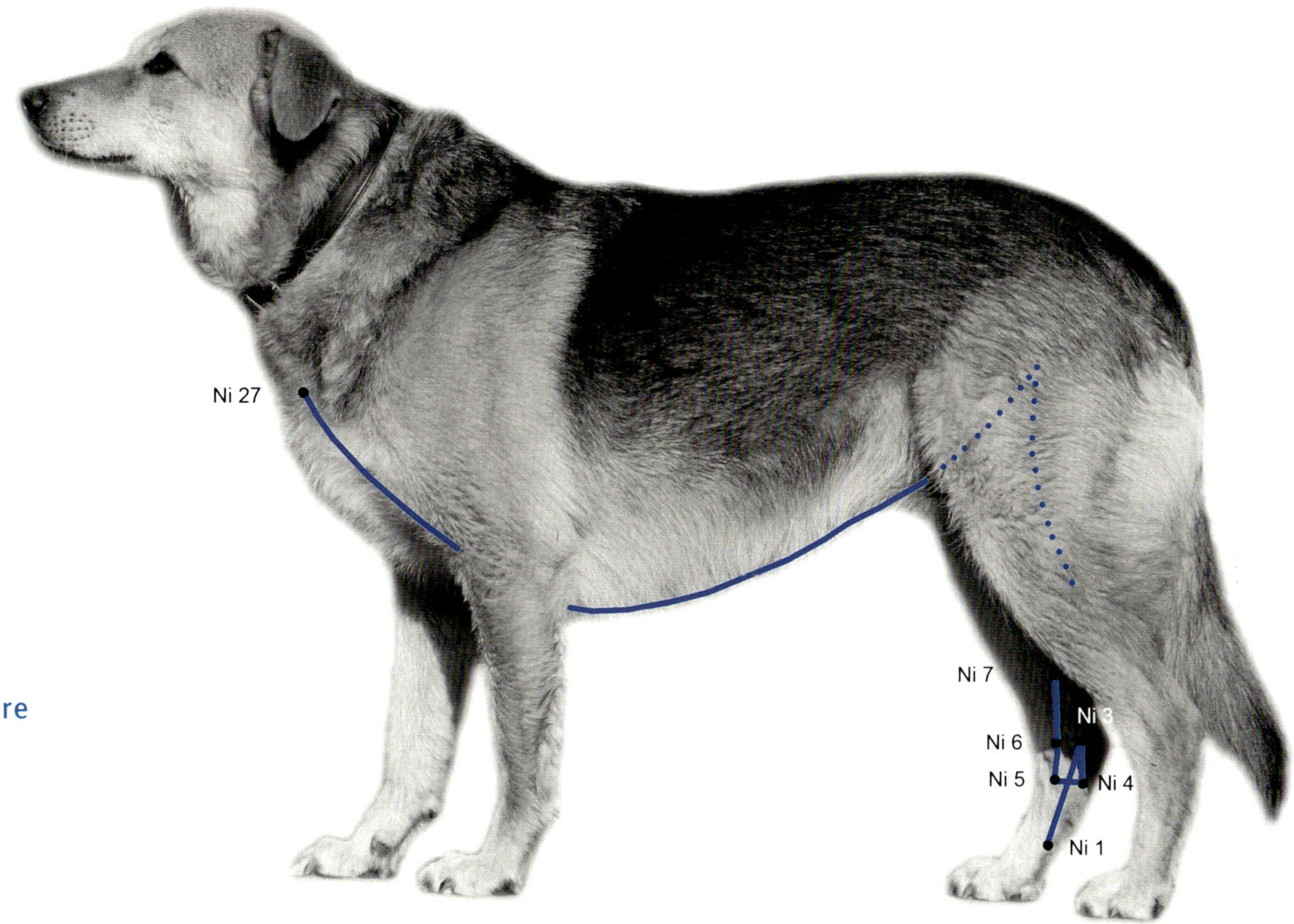

Niere

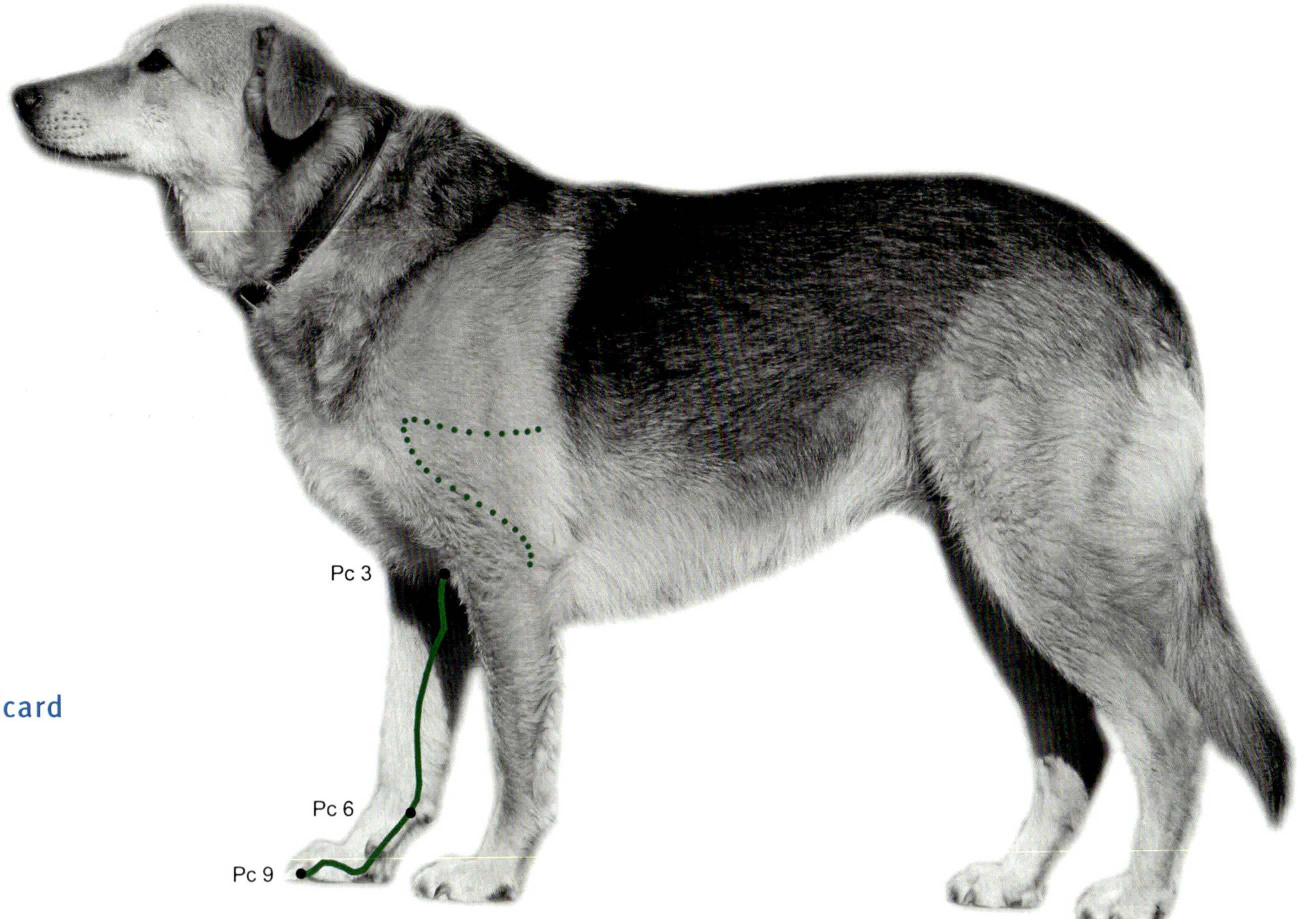

Pericard

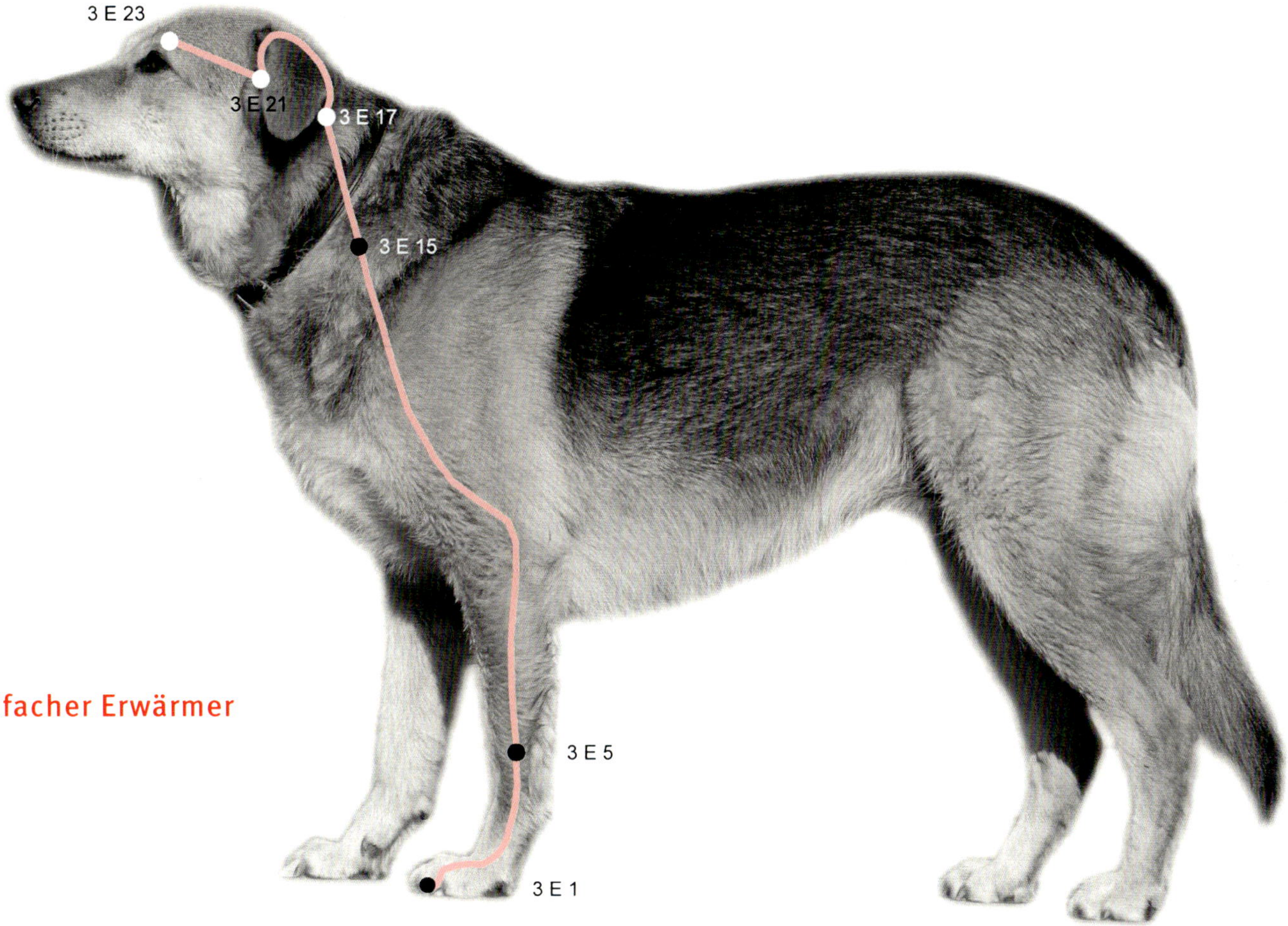

Dreifacher Erwärmer

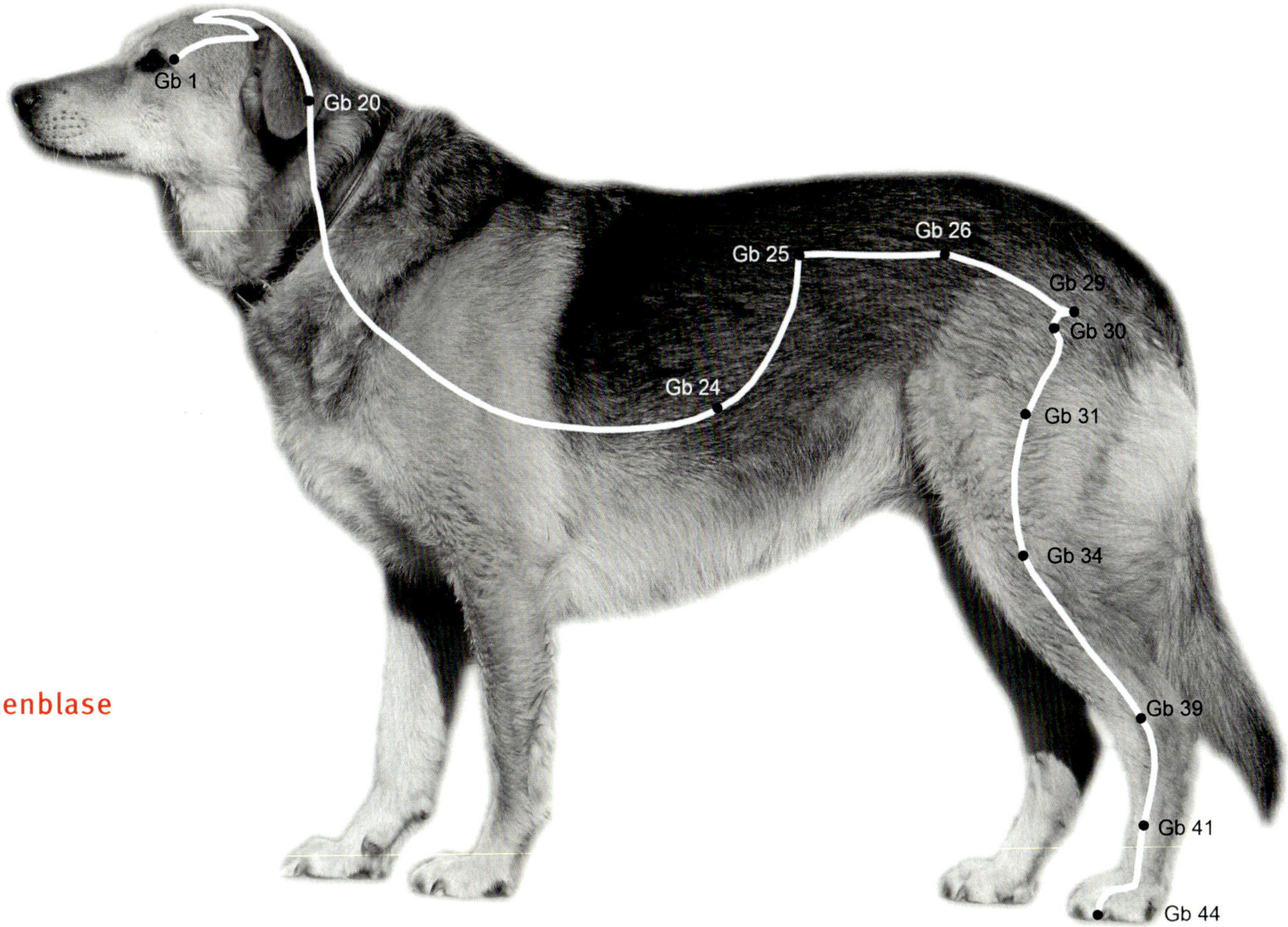

Gallenblase

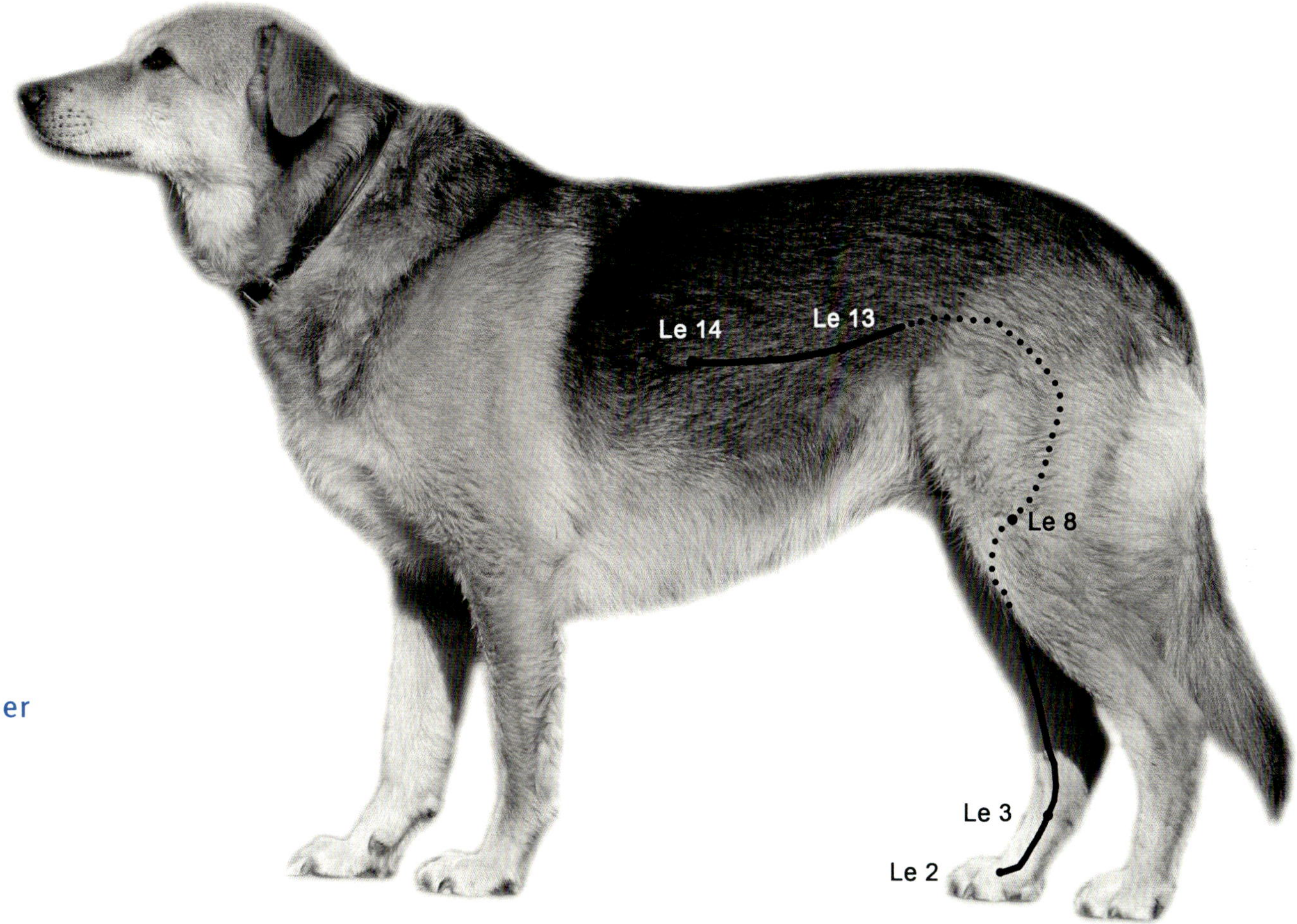

Leber

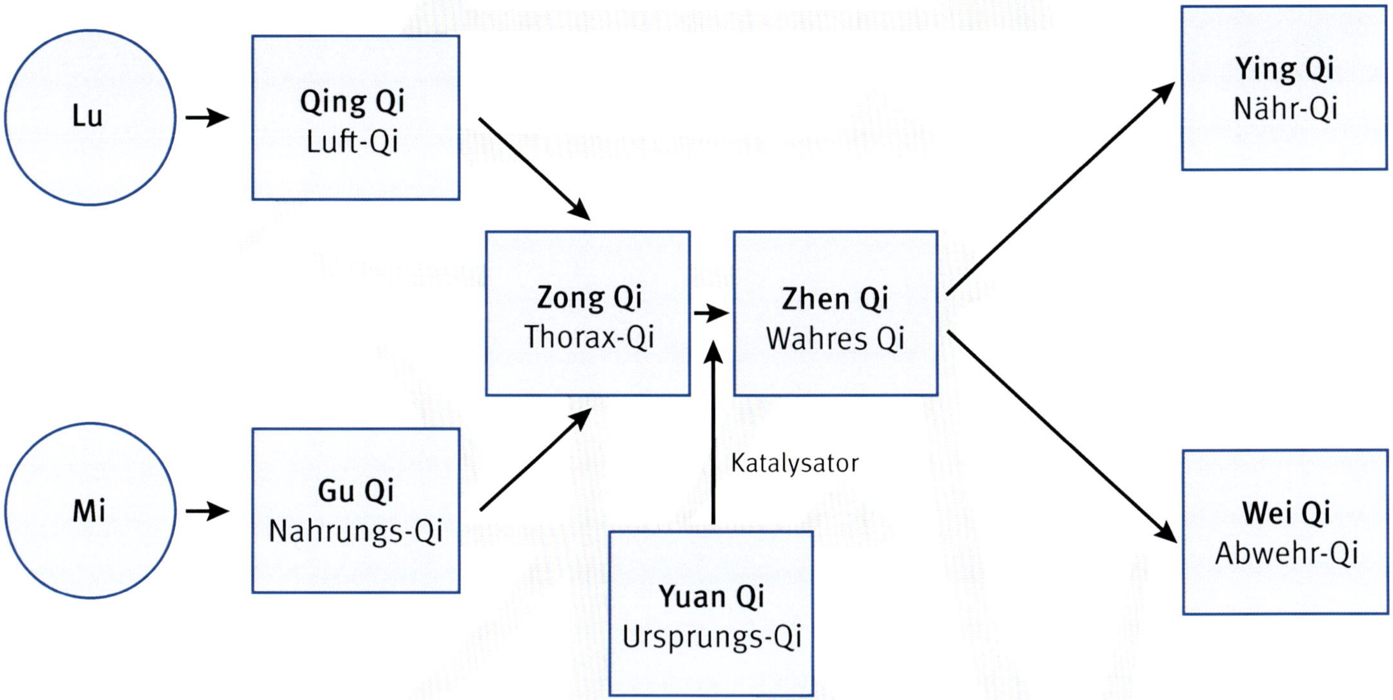
Lu
Qing Qi
Luft-Qi
Mi
Gu Qi
Nahrungs-Qi
Zong Qi
Thorax-Qi
Zhen Qi
Wahres Qi
Katalysator
Yuan Qi
Ursprungs-Qi
Ying Qi
Nähr-Qi
Wei Qi
Abwehr-Qi

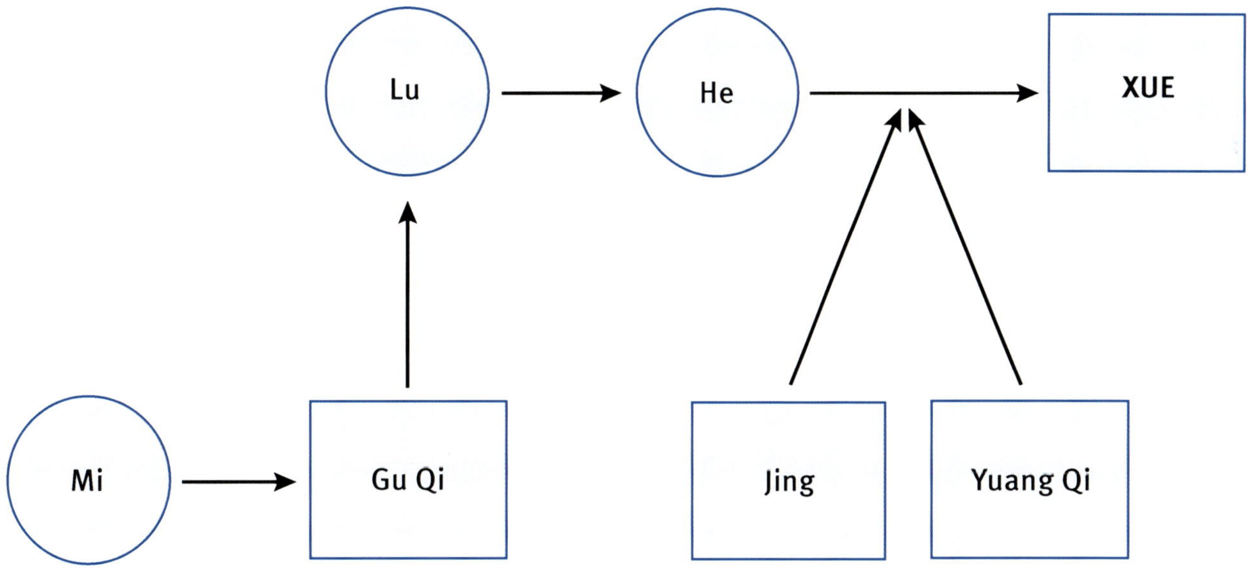

Der zweite Blutbildungsweg ist dem westlichen angelehnt.
Über Essenz → Mark → Knochenmark erfolgt die Blutbildung.

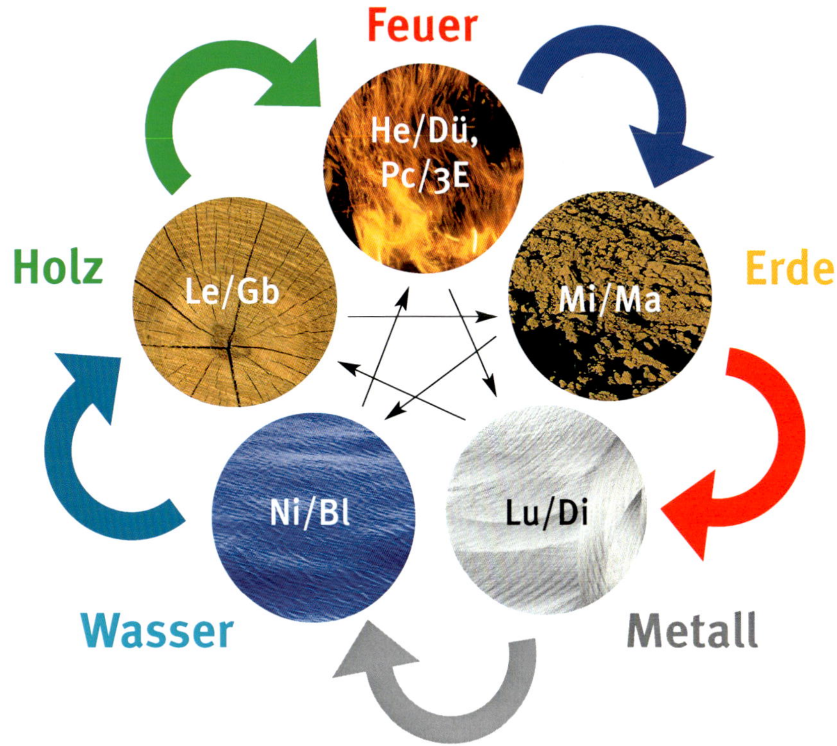
Feuer
He/Dü,
Pc/3E
Holz
Le/Gb
Erde
Mi/Ma
Wasser
Ni/Bl
Metall
Lu/Di

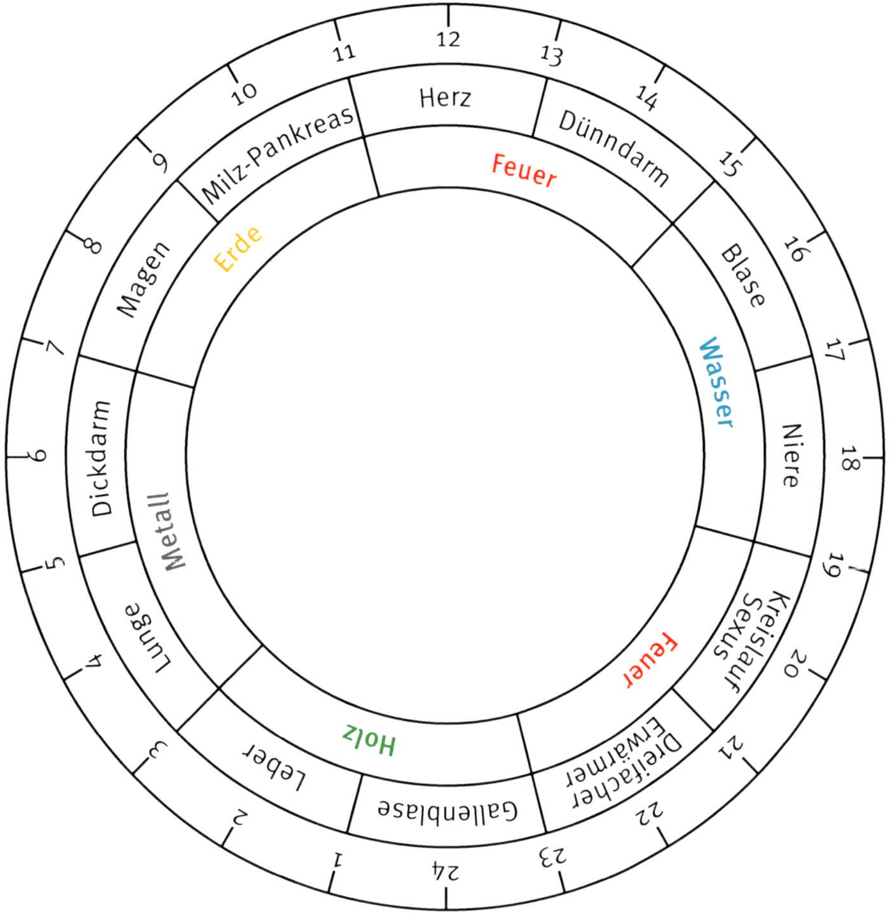
12
13
14
15
16
17
18
19
20
21
22
23
24
1
2
3
4
5
6
7
8
9
10
11
Herz
Dünndarm
Blase
Niere
Kreislauf Sexus
Dreifacher Erwärmer
Gallenblase
Leber
Lunge
Dickdarm
Magen
Milz-Pankreas
Feuer
Wasser
Feuer
Holz
Metall
Erde

Signalement	Fall Nr.
Anamnese	
Befunde	

Diagnose aufgrund	Begründung
A) Acht Leitkriterien	
B) Pathogene Faktoren	
C) Qi + Blut	
D) Zang Fu	

<table>
<tr><td colspan="3">Pathogenese</td></tr>
<tr><td colspan="3">Therapieziele</td></tr>
<tr><td>Punkt</td><td>Begründung</td><td>Methode</td></tr>
<tr><td colspan="3">Weiteres Vorgehen</td></tr>
</table>

Chinesische Namen der Meridiane

Lunge	Qian tai yin **fei** mai
Dickdarm	Qian yang ming **da chang** mai
Magen	Hou yang ming **wei** mai
Milz/Pankreas	Hou tai yin **pi** mai
Herz	Qian shao yin **xin** mai
Dünndarm	Qian tai yang **xiao chang** mai
Blase	Hou tai yang **pang guan** mai
Niere	Hou shao yin **shen** mai
Pericard	Qian jue yin **xin bao** mai
Dreifacher Erwärmer	Qian shao yang **san jiao** mai
Gallenblase	Hou shao yang **dan** mai
Leber	Hou jue yin **gan** mai
Lenkergefäß	**Du** mai
Konzeptionsgefäß	**Ren** mai

Qian	= Hand
Hou	= Fuß
Mai	= Meridian

Die 6 Schichten		
Tai Yang	Blase und Dünndarm	mächtiges Yang
Yang Ming	Dickdarm und Magen	überstrahlendes Yang
Shao Yang	Gallenblase und Dreifacher Erwärmer	junges Yang
Tai Yin	Lunge und Milz	mächtiges Yin
Shao Yin	Herz und Niere	junges Yin
Jue Yin	Pericard und Leber	weichendes Yin

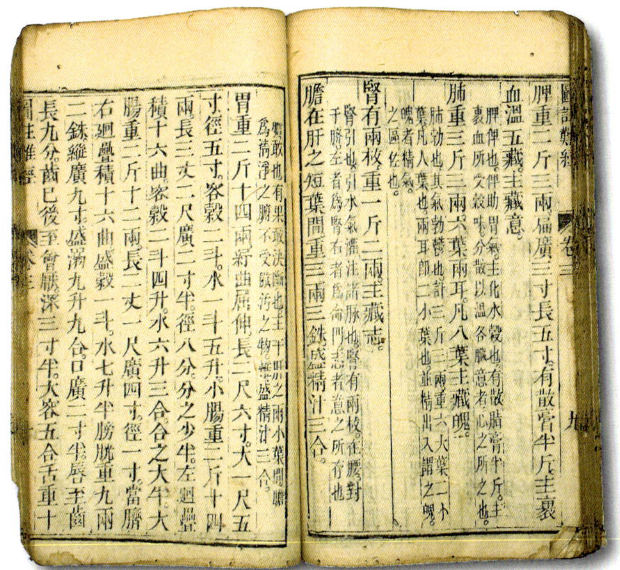

Wandlungsphasen Tabelle

Elemente	Holz	Feuer	Erde	Metall	Wasser
Yin-Organ	Leber	Herz	Milz	Lunge	Niere
Yang-Organ	Gallenblase	Dünndarm	Magen	Dickdarm	Blase
Öffner (Sinnesorgan)	Auge	Zunge	Mund	Nase	Ohr
Gewebe	Sehnen Muskeln	Gefäße	Bindegewebe Körpermasse	Haut	Knochen
Äußere Entfaltung	Nägel	Gesichtshaut	Lippen	Körperhaare	Kopfhaare
Jahreszeit	Frühling	Sommer	Spätsommer	Herbst	Winter
Emotionen	Zorn	Freude, Manie	Grübeln	Traurigkeit	Angst
Himmelsrichtung	Osten	Süden	Mitte	Westen	Norden
Farbe	grün	rot	gelb	weiß	schwarz
Geschmack	sauer	bitter	süß	scharf	salzig
Geruch	ranzig	verbrannt	duftend	fischig	faulig
Klimatischer Faktor	Wind	Hitze	Nässe	Trockenheit	Kälte
Entwicklungsstadium	Geburt	Wachstum	Umwandlung	Ernte	Speicherung
Yin-Yang	kleines Yang	äußerstes Yang	Mitte	kleines Yin	äußerstes Yin

Qi-Bewegungen der einzelnen Organe

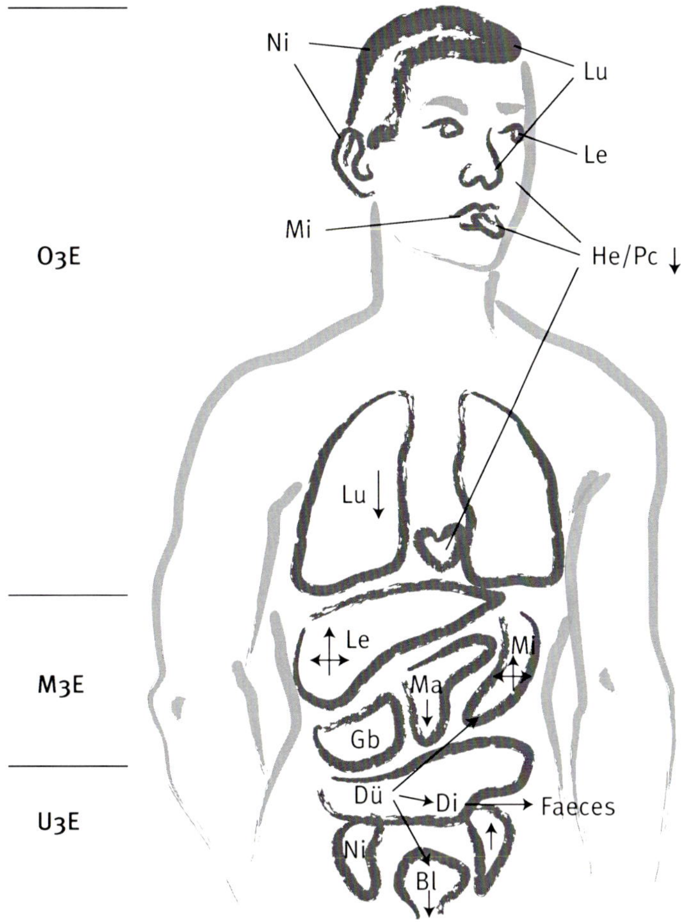

Die Pfeile verdeutlichen die Fließrichtung des Qi.

1. Verfeinerungsschritt

Außen (biao zheng)	Innen (li zheng)
Akut	Chronisch
Fieber mit Frösteln	Hohes Fieber
Abneigung gg. ex. pF	Keine Abneigung
Kopf- und Gliederschmerzen	Veränderung der Kot- und Urinqualität
Keine Veränderung der Organfunktion	Veränderung der Organfunktion
Oberflächlicher Verlauf der Meridiane	Innerer Verlauf der Meridiane

Fülle (shi zheng)	Leere (xu zheng)
Akut	Chronisch
Kräftig	Abmagerung
Schmerzen schlimmer durch Druck	Schmerzen besser durch Druck
Erschwertes, tiefes Atmen	Kraftloses, oberflächliches Atmen
Kräftiger Puls	Schwacher Puls
Dicker Zungenbelag	Kein oder dünner Zungenbelag
Zustand von Aufregung, eventuell Wut	Apathie, Müdigkeit, Nervosität, Schlaflosigkeit
Kraftvoll	Kraftlos
Abwehrbewegung heftig	Kaum Abwehrbewegungen

Hitze (re zheng)	Kälte (han zheng)
Fieber	Frösteln
Abneigung gg. Hitze, besser durch Kälte	Abneigung gg. Kälte, besser durch Wärme
Trockene SH	Feuchte SH
Durst	Kein Durst
Trockener Kot	Wässriger, lockerer Kot
Falls DF, dann stinkend	DF, wenig stinkend
Oligurie, Urin konz.	Polyurie, Urin unkonz.
Sekrete dick, zäh, gelblich, stinkend	Sekrete dünnflüssig, klar bis weiß, geruchlos
Hochfrequenter Puls	Langsamer Puls
Rote Zunge	Blasse, bläuliche Zunge
Gelblicher, trockener Zungenbelag	Weißer, feuchter Zungenbelag

Yin-Mangel (yin zheng)	Yang-Mangel (yang zheng)
Fieber am Nachmittag	Frösteln
Warme Extremitäten	Kalte Extremitäten
Nachtschweiß	Spontanes Schwitzen
Durst	Kein Durst
Trockene SH	Feuchte SH
Konz. Urin, Oligurie	Unkonz. Urin, Polyurie
Trockener, harter Kot	Lockerer, feuchter Kot
Trockene Zunge mit wenig gelblichem Belag	Feuchte Zunge mit wenig weißem Belag
Schwacher, hochfrequenter Puls	Schwacher, langsamer Puls

Pathogene Faktoren

2. Verfeinerungsschritt

- exogene pathogene Faktoren (Wind, Kälte, Sommerhitze, Feuerhitze, Nässe, Trockenheit)
- endogene pathogene Faktoren (Emotionen, Essen, zu viel Arbeit/ Unruhe, Stress, etc.)
- Diätfehler (Unter-, Über-, Fehlernährung)
- Verletzung
- Fehlbelastung (Überanstrengung, Unter- oder Überforderung)
- konstitutionelle Schwächen

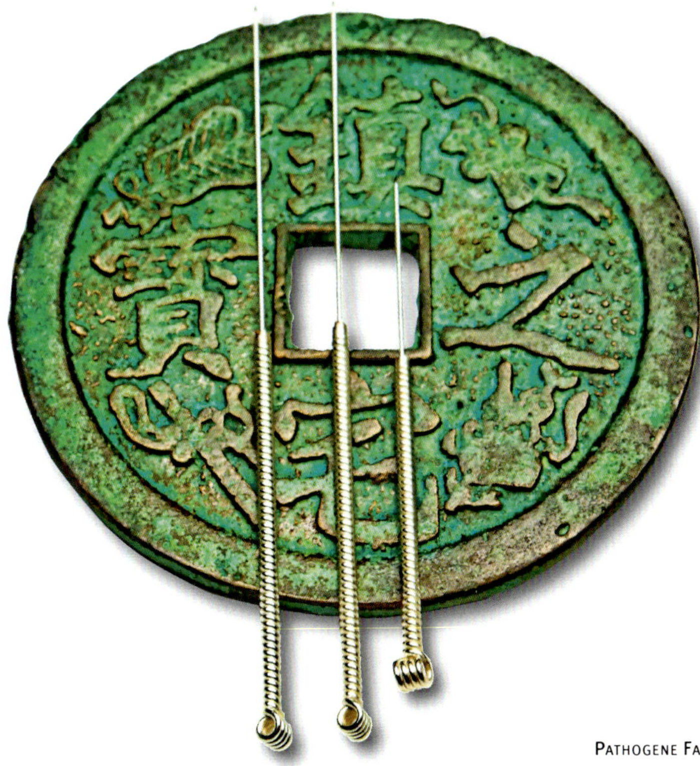

3. Verfeinerungsschritt

a) Qi:

- **Mangel**: müde, schwach, lethargisch, allgemeine Unterfunktionen, Blässe, leerer Puls, Spontanschweiß, Appetitmangel, Malabsorption
- **Stagnation**: wandernder Einlaufschmerz, unklare westliche Diagnose, weiche, schlecht abgrenzbare, mobile Massen und Schwellungen, die kommen und gehen

b) Blut:

- **Mangel**: fehlende Befeuchtung und Ernährung, Blässe, Trockenheit von Zunge, Schleimhäuten, Stuhl, Mund, Fell, Hufen, Störung des Geistes Shen, verzögerte Rosse, Schlafstörungen
- **Stagnation**: Dunkelfärbung des Zungenkörpers, violette Hot-Spots auf der Zunge, gestaute Unterzungenvenen, scharfer, schneidender Schmerz immer am gleichen Platz, der sich bei Berührung verschlimmert, Schwellung der Organe oder Massen, die hart, abgegrenzt und nicht beweglich sind, rauer Puls, bei Blutungen: Klumpenbildung
- **Kälte**: starker scharfer oder schneidender zusammenziehender Schmerz an einer bestimmten Stelle, Blässe, Symptome bessern sich durch Wärme, langsamer oder gespannter Puls
- **Hitze**: abnorme Blutungen (»Blut verlässt die Bahn«), Ruhelosigkeit

Punkte

Shu- und Zwischenpunkte	
Bl 13	Lunge
Bl 14	Pericard
Bl 15	Herz
Bl 16	Shu des Lenkergefäßes
Bl 17	MP des Blutes
Bl 18	Leber
Bl 19	Gallenblase
Bl 20	Milz
Bl 21	Magen
Bl 22	Dreifacher Erwärmer
Bl 23	Niere
Bl 24	Shu des Qi
Bl 25	Dickdarm
Bl 26	Kniepunkt
Bl 27	Dünndarm
Bl 28	Blase
Bl 29	Sakrum
Bl 30	Anus

Mu-Punkte	
Lu 1	Lunge
KG 17	Pericard
KG 14	Herz
Le 14	Leber
Gb 24	Gallenblase
Le 13	Milz
KG 12	Magen
KG 5	Dreifacher Erwärmer
Gb 25	Niere
Ma 25	Dickdarm
KG 4	Dünndarm
KG 3	Blase

Psycho-Punkte	
Bl 42	Tor der Körperseele Po (Lunge): Depression, Kummer, Trauer
Bl 43	Die vitalen Zustimmungspunkte: bei allen chronischen, festgefahrenen Krankheiten
Bl 44	Halle des Geistes (Herz – Shen): ängstliche Unruhe, Schlaflosigkeit, besonders wenn Feuer oder Leere-Hitze des Herzens die Ursache dafür sind
Bl 47	Tor der Wanderseele Hun (Leber): gibt ein Gefühl für die Richtung des Lebens, aber auch bei Stimmungsschwankungen, Frustrationen, Unmut, Zorn
Bl 49	Haus des Geistes (Milz – Yi): bei Überanstrengung durch geistige Arbeit
Bl 52	Zuflucht der Gedanken, Raum der Willenskraft (Niere – Zhi): bei Nieren-Leere, die sich in Erschöpfung, Depression, mangelnder Willenskraft und einem Gefühl der Kraft- und Hoffnungslosigkeit niederschlägt

Meisterpunkte/Einflussreiche Hui-Punkte	
Di 4	MP für Gesicht und Hals
Lu 7	MP für Kopf und Hals
Pc 6	MP für Brust und craniales Abdomen
Bl 40	MP des hinteren Rückens
Ma 36	MP für Abdomen und Gastrointestinaltrakt
Mi 6	MP für caudales Abdomen und Urogenitaltrakt
Bl 11	MP der Knochen
Bl 12	MP der Luftröhre
Bl 17	MP des Blutes
Gb 34	MP der Sehnen und Bänder
Gb 39	MP des Knochenmarks
KG 17	MP des Brustkorbs, Mu Pericard

Untere einflussreiche Punkte	
Ma 37	Dickdarm
Bl 39	Dreifacher Erwärmer
Ma 39	Dünndarm
Ma 36	Magen
Gb 34	Gallenblase
Bl 40	Blase

Außerordentliche Meridianöffner	
Mi 4	Chong Mai
Pc 6	Yin Wei Mai
Dü 3	Lenkergefäß (Du Mai)
Bl 62	Yang Qiao Mai
Lu7	Konzeptionsgefäß (Ren Mai)
Ni 6	Yin Qiao Mai
Gb 41	Dai Mai
3E5	Yang Wei Mai

Sedierungspunkte	
Pc 7	Pericard
He 7	Herz
Mi 5	Milz
Le 2	Leber
Ni 1	Niere
Di 2	Dickdarm
3E 10	Dreifacher Erwärmer
Dü 8	Dünndarm
Ma 45	Magen
Gb 38	Gallenblase
Bl 65	Blase

Tonisierungspunkte	
Lu 9	Lunge
Pc 9	Pericard
He 9	Herz
Mi 2	Milz
Le 8	Leber
Ni 7	Niere
Di 11	Dickdarm
3E 3	Dreifacher Erwärmer
Dü 3	Dünndarm
Ma 41	Magen
Gb 43	Gallenblase
Bl 67	Blase

Luo-Punkte	
Lu 7	Lunge
Pc 6	Pericard
He 5	Herz
Mi 4	Milz
Le 5	Leber
Ni 4	Niere
Di 6	Dickdarm
3E 5	Dreifacher Erwärmer
Dü 7	Dünndarm
Ma 40	Magen
Gb 37	Gallenblase
Bl 58	Blase

Yuan-Punkte	
Lu 9	Lunge
Pc 7	Pericard
He 7	Herz
Mi 3	Milz
Le 3	Leber
Ni 3	Niere
Di 4	Dickdarm
3E 4	Dreifacher Erwärmer
Dü 4	Dünndarm
Ma 42	Magen
Gb 40	Gallenblase
Bl 64	Blase

Spalten-Xi-Punkte	
Lu 6	Lunge
Pc 4	Pericard
He 6	Herz
Mi 8	Milz
Le 6	Leber
Ni 5	Niere
Di 7	Dickdarm
3E 7	Dreifacher Erwärmer
Dü 6	Dünndarm
Ma 34	Magen
Gb 36	Gallenblase
Bl 63	Blase

Transport-Shu-Punkte

Punkte	Wirkung/Indikation
Brunnen-Jing-Punkt	klärt Hitze, stellt Bewußtsein wieder her; Einsatz bei hohem Fieber, Kollaps
Quell-Ying-Punkt	klärt Hitze, klärt Feuer; Einsatz bei Fieber, Halsschmerzen
Bach-Shu-Punkt	klärt Hitze und Stagnation, vertreibt Wind; Einsatz bei Gelenkschmerzen, intermittierenden Krankheiten
Fluss-Jing-Punkt	klärt Wind, klärt Hitze; Einsatz bei Husten, Dyspnoe, Frösteln, Fieber
Meer-He-Punkt	harmonisiert Magen, reguliert die Eingeweide; Einsatz bei abdominalem Völlegefühl, Erbrechen, Diarrhoe

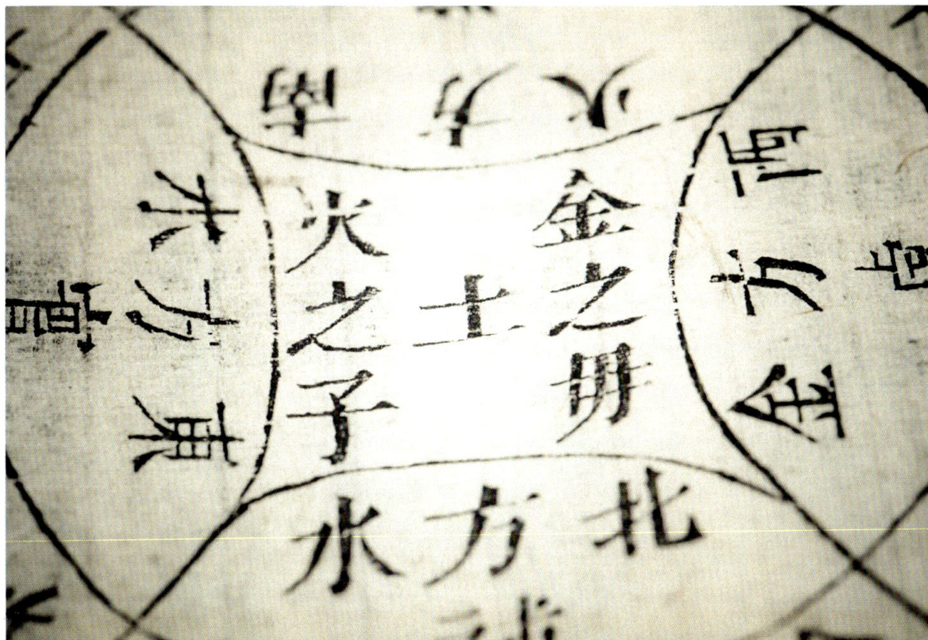

SHU-MU-PUNKTE

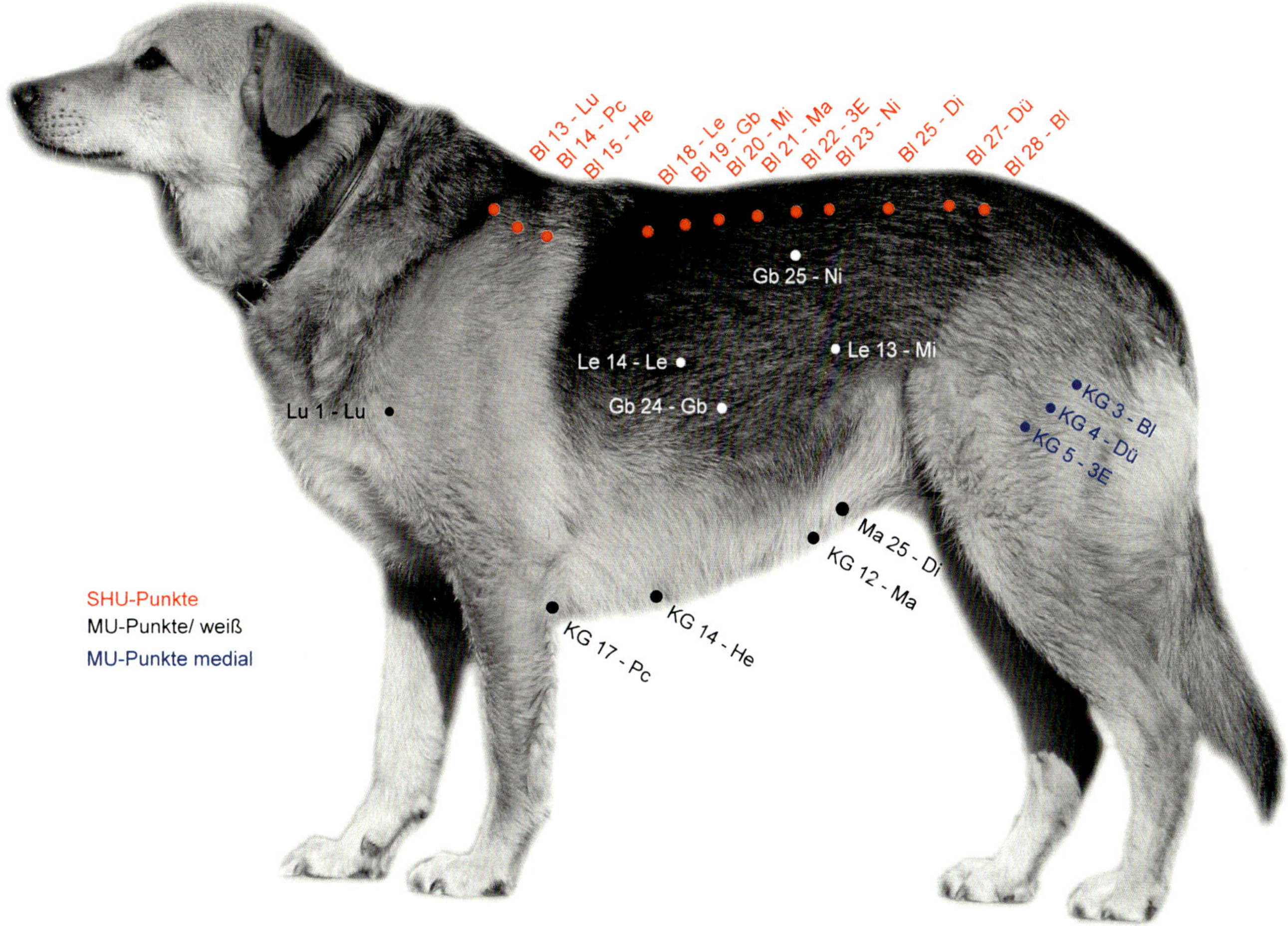

Tingpunkte

Hand Mensch links

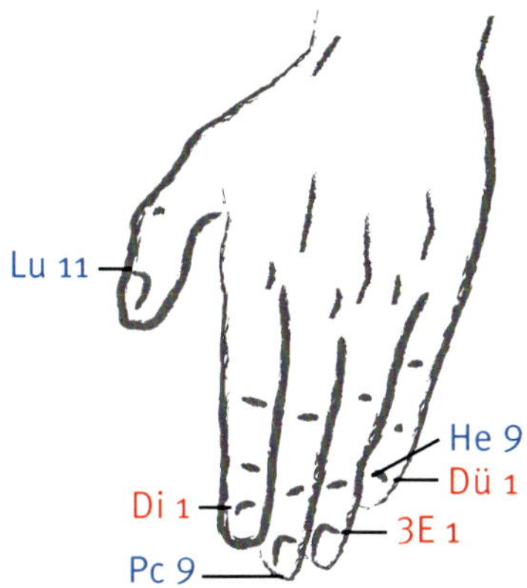

Vorderpfote Hund links

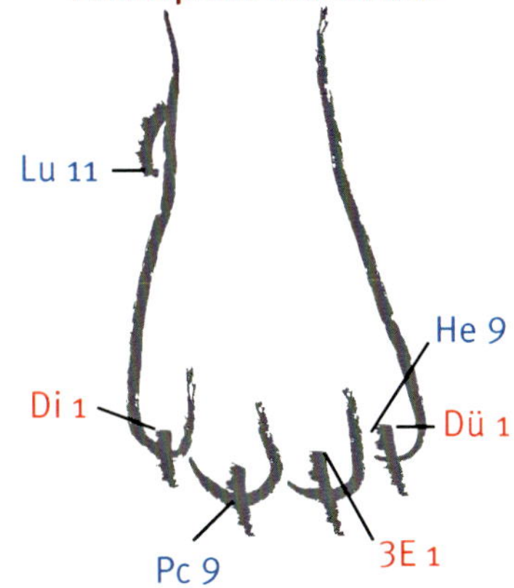

Fuß Mensch links

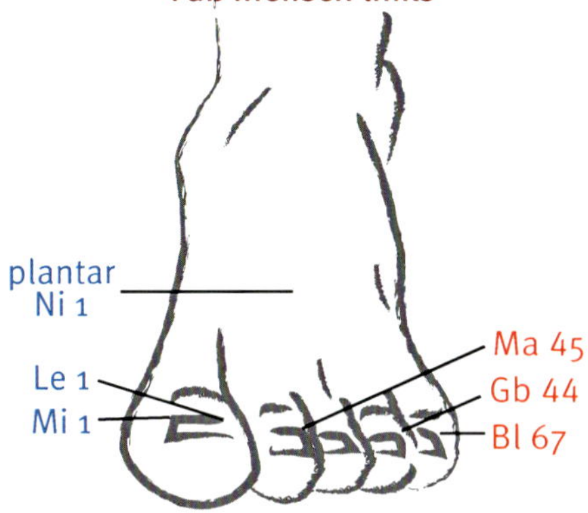

Hinterpfote Hund links

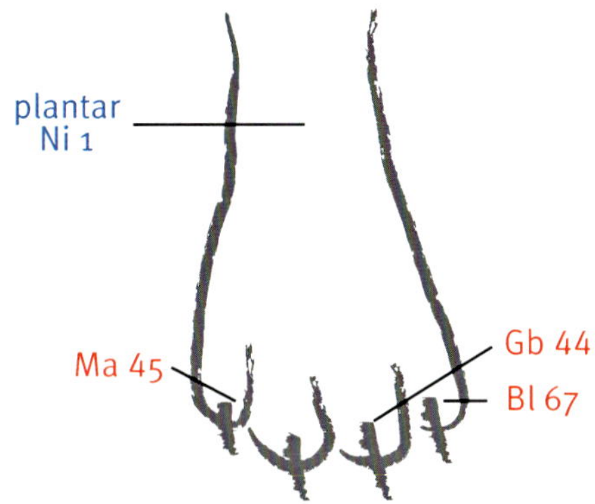

Alle Tingpunkte liegen am Nagelpfalzwinkel. Die schmerzloseste Nadelung erzielen Sie durch koreanische Handnadeln. Wenn beim Hund die Wolfskralle am Hinterbein vorhanden ist, nadeln Sie Mi 1 und Le 1 analog der großen Zehe beim Menschen.

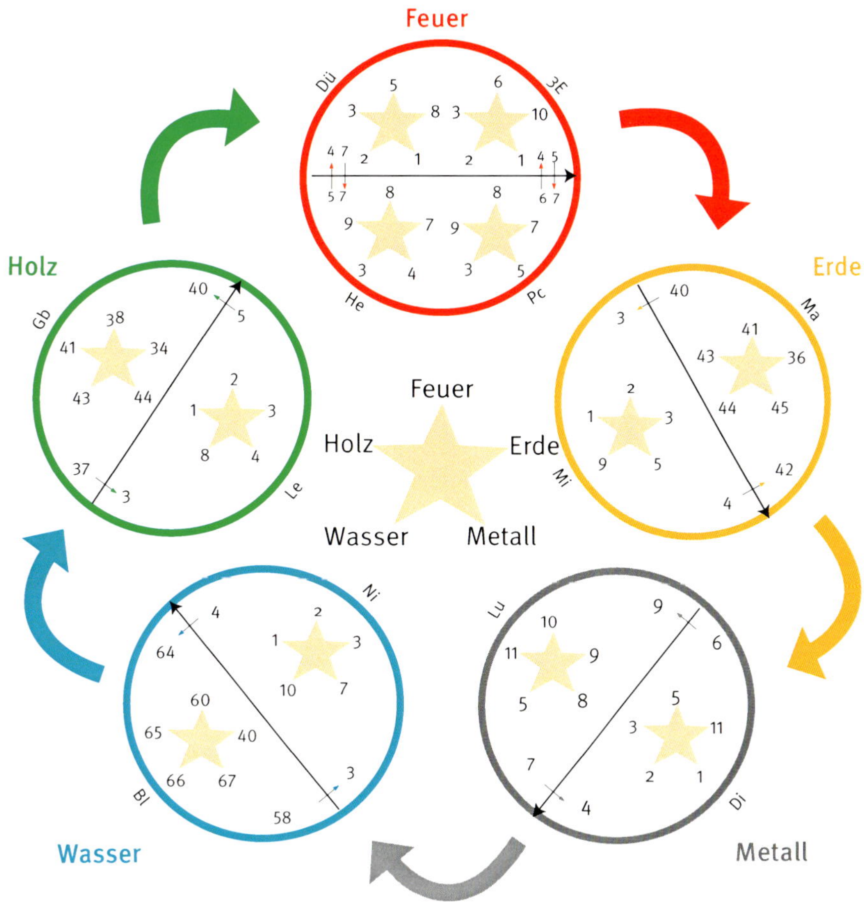

Mit Hilfe der Antiken Punkte kann die Energie zwischen den einzelnen Wandlungsphasen verteilt werden.

Durch die Luo-Yuan Technik wird die Energie innerhalb einer Wandlungsphase zwischen den Funktionskreispartnern zu- oder abgeführt. Flussrichtung ist von Luo → Yuan.

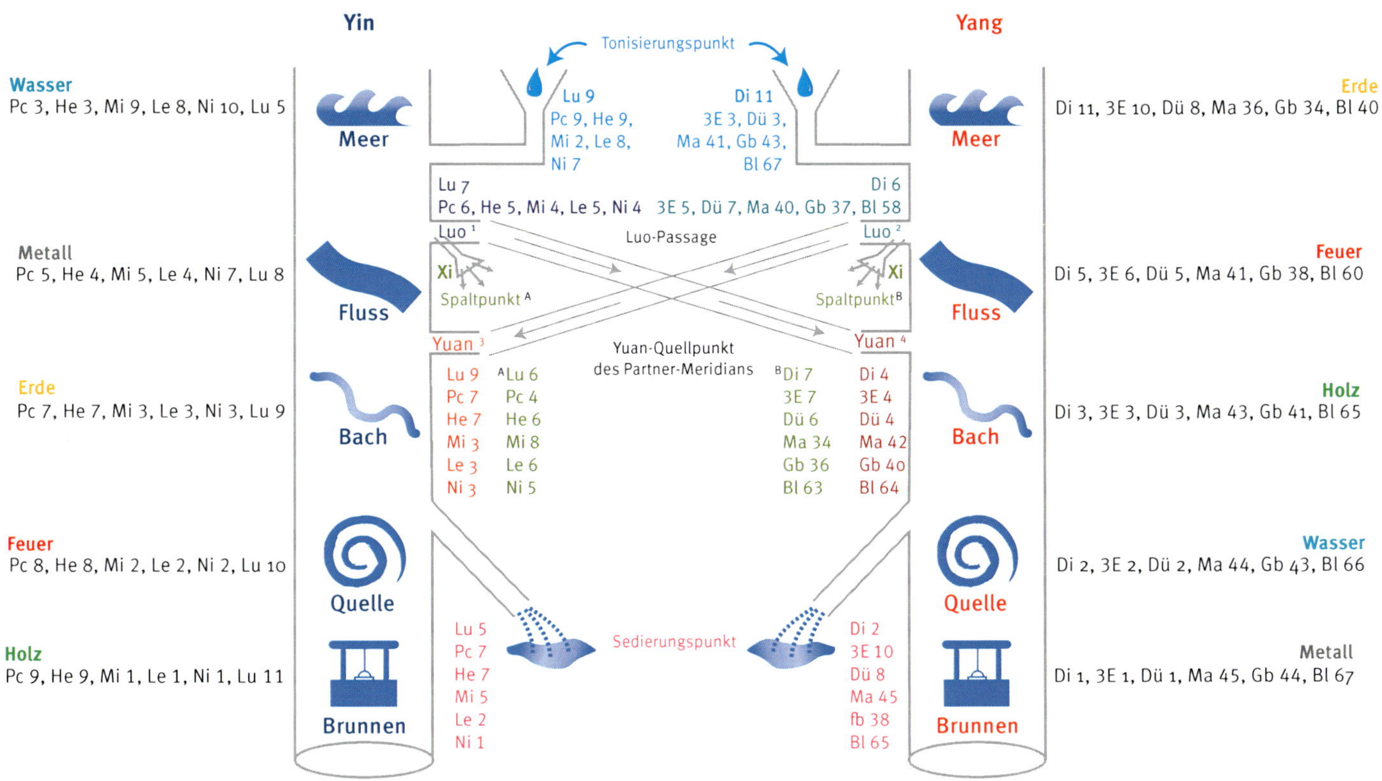

[1] Luo liegt zwischen Bach- und Flusspunkt, Ausnahme Le
[3] Yuan = Bachpunkt

[2] Luo liegt zwischen Bach- und Flusspunkt oder Fluss- und Meerpunkt
[4] Yuan liegt zwischen Bach- und Flusspunkt

Therapieziele

Pathogene Faktoren

Allgemeine Ausleiter

3 E 5, Bl 65

Wind ausleiten

Di 4 (Hegu, innere und äußere Wind-Hitze und Wind-Kälte), Bl 10 (Futu, HWS, ISG ipsilateral), Gb 20 (Feng Men, innere und äußere Wind-Hitze und Wind-Kälte), LG 14 (Da Zhui, Großer Wirbel), LG 16 (Feng Fu, innere und äußere Wind-Hitze und Wind-Kälte, klärt das Gehirn)

Immunsystem stärken

Lu 7 (Luo), Di 4 (Hegu), Di 10 (Sou San Li), Di 11 (Tonisierungspunkt)

Hitze klären

Dü 3 (bei Augenrötung), 3E 3 (mit Mikroaderlass), Ma 45 (bei Hitze im Magen), Bl 40 (Blut-Hitze), Di 11 (äußere pathogene Hitze), Lu 5, alle Brunnen-, Quell-, Bach- und Flusspunkte

Feuchtigkeit ausleiten

Di 11 (Hitze & Feuchte), KG 6 (v.a. im U3E), KG 9 (Ödempunkt), Mi 6, Mi 9 (v.a. U3E), Ma 8 (aus dem Kopf), KG 9 (allg. Wirkung gegen Nässe)

Schleim ausleiten

Ma 40 (Schleimlöser, für geistigen und bronchialen), Lu 5 und Lu 8 (Bronchialschleim), KG 22 (aus der Kehle), KG 12 (Mu Ma, stärkt die Milz, um Schleim zu lösen)

Trockenheit befeuchten

Lu 7 (Luo), Ni 3 (Komplexmittelpunkt der Ni), Ni 6 (Yin-Stärker), Di 11 (reguliert Feuchtigkeit), Wasserpunkte

Blutaspekte

Blutstagnation/Blut bewegen

Bl 17 (MP des Blutes), Mi 6 (Kreuzungspunkt von Ni, Le, Mi), Mi 10 (Blutbildung), Pc 6, fast alle Xi-Spalten Punkte

- der Leber: Bl 18 (Harmonie des Flusses), KG 6 (reguliert Blut im unteren Abdomen), Le 3 (reguliert den Blutfluss zwischen Holz und Erde)
- des Herzens: Pc 6 (Herz-Blut-Mangel), He 9 (Tingpunkt)
- durch Hitze: Bl 18, Bl 20, Bl 23, Mi 6, Mi 9
- durch Yang-Mangel: LG 14, Di 11

Blut-Mangel

Mi 6 (Kreuzungspunkt von Ni, Le, Mi), Mi 10 (Blutbildung), Bl 20 (Shu Mi), Ma 36 (Burnout-Punkt)

- mit Shen Störung: Pc 6, He 7, Bl 14, Bl 15

Blut-Hitze

Mi 6, Lu 10, Bl 17, Bl 40, Mi 10, Di 11

Funktionskreis Herz-Dünndarm

Herz-Qi stärken
He 5 (Luo), Pc 6 (Herz-Blut-Leere), Bl 15 (Shu He), KG 17 (Mu Pc)

Herz-Yin stärken
He 7 (Shen Men), Pc 6 (Herz-Blut-Leere), KG 14 (Mu Pc), Bl 15 (Shu He), Bl 17 (MP des Blutes), Bl 20 (Shu Mi), Ni 6 (Yin Stärker)

Herz-Yang stärken und wärmen
He 5 (Luo), He 7 (Shen Men), Pc 6 (Herz-Blut-Mangel), Bl 15 (Shu He), KG 17 (Mu Pc), KG 6 (allgemeiner Tonisierungspunkt)

Herz-Blut stärken
He 7 (Shen Men), Pc 6, KG 14 (Mu He), KG 15 (bei länger andauernden Angstzuständen), Bl 17 (MP des Blutes), Bl 20 (Shu Mi)

Loderndes Herzfeuer beruhigen, Geist klären
He 7 (Shen Men), Pc 6 (Herz-Blut-Leere), Mi 6 (Kreuzungspunkt von Ni, Le, Mi), Ni 6 (Yin-Stärker), Pc 8 und He 8 (Feuerpunkte, klären Herz-Hitze), He 9 (Tingpunkt – kühlt)

Herz-Schleim-Feuer beruhigen
Pc 8 und He 8 (Feuerpunkte, klären Herz-Hitze), Ma 40 (Schleimlöser), Gb 15 (beruhigt den Geist und schafft ein Gleichgewicht in einem zwischen Manie und Depression schwankenden psychischen Zustand)

Dünndarm-Qi-Schmerz beseitigen
KG 6 (allg. Tonisierungspunkt) zusammen mit Gb 34 (MP für Sehnen und Bänder): bewegt Qi im U3E und lindert Schmerz, Ma 27 und Ma 29 (bewegen das Qi im unteren Abdomen, stimulieren Dü-Funktion und stillen Bauchschmerz), Le 3 (Spasmolyse-Punkt)

Funktionskreis Milz-Magen

Milz-Qi stärken
Ma 36 (Burnout-Punkt), Mi 6 (Kreuzungspunkt von Mi, Ni, Le), Bl 20 (Shu Mi)

Milz-Yang-Mangel beseitigen
Bl 20 (Shu Mi), Mi 6 (Kreuzungspunkt von Mi, Ni, Le), Mi 9 (löst Nässe auf), Ma 36 (Burnout-Punkt), KG 12 (Mu Ma), Mi 4 (kräftigt Mi und Ma)

Absinkendes Mi-Qi »hochziehen«
LG 20 (zieht das Yang hoch), KG 6 (allg. Tonisierungspunkt zum Qi heben), LG 1 (bei Analprolaps), LG 20 (hebt das Qi und Yang), Mi 6 (stärkt das Qi von Mi und Magen, hebt das Mitte-Qi)

Nässe aus der Milz ausleiten
Mi 6 (Kreuzungspunkt von Mi, Le, Ni), Mi 9 (löst Nässe auf), KG 12 (stärkt die Milz, damit Feuchtigkeit aufgelöst wird), Bl 20 (Shu Mi)

Milz-Schwäche-Husten beseitigen
Lu 9 (tonisiert Qi und Blut), Bl 13 (Shu Lu), Di 4 (Wind-Hitze ausleiten), Ma 40 (Schleim ausleiten), LG 14 (Husten generell), Di 11 (Immunsystem), Bl 20 (Shu Mi)

Blut in den Bahnen halten/zurückbringen
Bl 20 (Shu Mi), Mi 6 (Kreuzungspunkt von Mi, Ni, Le), Ma 36 (Kräftigungspunkt), Mi 4 (korrigiert die Feuchtigkeitsverteilung), Mi 1 und Le 1 (Blutstopper), Mi 10 (stärkt die Blutkontrollfunktion der Milz), LG 20 (hebt das Qi und Yang) – bei Blutgerinnungsstörungen nur Laser und Moxa

›››

Magen-Qi-Mangel beseitigen
Ma 36 (kräftigt den Ma), KG 12 (Mu Ma), Bl 21 (Shu Ma), KG 6 (allg. Stärkungspunkt)

Magen-Hitze beseitigen
Ma 36 (kräftigt den Ma), KG 12 (Mu Ma), Bl 21 (Shu Ma), KG 6 (allg. Stärkungspunkt), Mi 3 (Erdpunkt), Ma 44 (kühlt Hitze), Ma 42 (Schmerzstiller für den Ma)

Loderndes Magen-Feuer absenken
Bl 21 (Shu Ma), Ma 44 (kühlt Hitze), Ma 45 (Tingpunkt), Mi 6 (Kreuzungspunkt von Mi, Ni, Le – bringt Kühlung durch Blutbildung), KG 12 (Mu Ma), Pc 6 (Shen beruhigend)

Rebellierendes Magen-Qi
KG 12 (Mu Ma), Pc 6 (Antispuckpunkt)

Funktionskreis Lunge-Dickdarm

Lungen-Qi-Mangel beseitigen
Bl 13 (Shu Lu), Lu 9 (stärkt Lu-Qi, Erdpunkt), Lu 7 (tonisiert Lu-Qi), KG 6 (allg. Tonisierungspunkt), Ma 36 (»nähre Mutter, um Kind zu stärken«)

Lungen-Yin-Mangel befeuchten
Bl 13 (Shu Lu), KG 17 (öffnet den Brustkorb), Lu 9 (stärkt das Lu-Qi), Bl 43 (bei chron. Fällen wichtig), KG 4 (stärkt Yuan Qi, tonisiert Qi und Yin), Ni 6 (Ni-Yin, befeuchtend), Lu 10 (beseitigt Hitze)

Lungenhusten stoppen
Bl 13 (Shu Lu), Lu 5 (Hustenstopper), Lu 7 (Luo, stellt absenkende Funktion wieder her), Lu 9 (stärkt das Lu-Qi), Lu 10 (beseitigt Hitze), KG 17 (öffnet den Brustkorb), Ma 36 (Burnout-Punkt)

Lungentrockenheit befeuchten
Lu 9 (Yuan), Mi 6 (Befeuchter), KG 12 (Mu Ma, befeuchtet), KG 4 (tonisiert Säfte), Ni 6 (Ni-Yin), Bl 13 (Shu Lu), Lu 5 (Hustenstopper)

Schleim-Feuchtigkeit aus der Lunge ausleiten
Lu 1 (lasern), Lu 5 (beseitigt Lu Schleim), Lu 7 (fördert die Lu-Verteilungsfunktion), KG 17 (MP des Thorax), Ma 40 (transformiert Schleim), Pc 6 (öffnet den Thorax)

Kälte/Hitze im Dickdarm ausleiten
Di 4 (Wind-Kälte und Wind-Hitze), Ma 25 (Mu Di), Le 3 (beruhigt Spasmen)

Dickdarm befeuchten
Ma 36 (kann die Flüssigkeiten in Magen und Dickdarm fördern), Mi 6 und KG 4 (tonisieren das Yin), Ni 6 (Ni-Yin), Lu 7 (für die Defäkation braucht es Lu-Qi)

Funktionskreis Niere-Blase

Jing stärken
LG 4 (Ming Men), Bl 23 (Shu Ni), Ni 3 (Komplexmittelpunkt Ni), KG 6 (allg. Tonisierungspunkt), Ma 36 (Burnout-Punkt), Gb 39 (MP des Knochenmarks), LG 20 (stimuliert das Mark, das Gehirn aufzufüllen) zusammen mit LG 14 (stimuliert das Mark, damit es das Gehirn erreichen kann)

Knochen stärken
Bl 11 (MP der Knochen), Gb 39 (MP des Knochenmarks)

Ni-Yin-Leere auffüllen
Bl 23 (Shu Ni), LG 4 (Ming Men), Ni 6 (füllt Ni-Yin auf), Ni 3 (Komplexmittelpunkt der Ni), KG 4 (stärkt das Ni-Yin), Mi 6 (Kreuzungspunkt von Mi, Ni, Le)

Ni-Yang-Leere auffüllen
Bl 23 (Shu Ni), LG 4 (Ming Men), Ni 7 (stärkt das Ni-Yang), Ni 3 (Komplexmittelpunkt der Ni), KG 4 (stärkt das Ni-Yang mit Moxa)

Nieren-Qi ist nicht fest
wie bei Ni-Yang-Mangel, zusätzlich bei Bettnässen: KG 3, Bl 28; bei Harntröpfeln: Bl 20, Bl 28, KG 3, Mi 9; bei Spermatorrhoe: Bl 15, Pc 6, He 7

Ni-Qi-Leere auffüllen
Bl 23, KG 4, Ni 3, Ni 6, Ni 7, KG 6, LG 4

Nierenhusten (Niere ist unfähig, das Qi aufzunehmen)
Ni 3 (Komplexmittelpunkt der Ni), Lu 7 (stärkt Ni-Yang) in Kombination mit Ni 6 (stärkt Ni-Yin), Bl 23 (Shu Ni), Lu 9 (Abfluss von rebellischem Qi), LG 4 (Ming Men), KG 17 (öffnet den Brustkorb), Ni 25 (verbindet Lu- und Ni-Qi)

Asthmapunkte
Ni 27 beidseitig, KG 22, KG 17

Hinteren Rücken stärken
Bl 40, Bl 60, Bl 62, LG 3, LG 4

Nässe-Hitze der Blase auflösen
Mi 9 und Mi 6 (beseitigen Hitze aus dem U3E), Bl 22 (Shu 3E), Bl 28 (Shu Bl), KG 3 (Mu Bl), Bl 63 (Xi-Spaltpunkt), Bl 66 (Hitze der Blase), Le 3 (spasmolytischer Punkt)

Funktionskreis Leber-Gallenblase

Leber-Qi glätten/entstauen

Le 1 (Tingpunkt), Le 2 (Sedierungspunkt), Le 3 (Erdpunkt), Le 13 (Mu Mi), Le 14 (Mu Le), Gb 20 (leitet Wind-Hitze aus), Pc 6 (Beruhigungspunkt zur »Entlüftung«), Mi 6 (Kreuzungspunkt der drei Yin-Meridiane am Fuß)

Aufsteigendes Leber-Yang besänftigen

Le 2 (Sedierungspunkt), Le 3 (Erdpunkt), Le 14 (Mu Le), Gb 20 (Wind), Gb 13 (unterdrückt aufsteigendes Le-Yang und beruhigt den Geist), Mi 6 (Blutbildung – kühlend), 3E 5 (bei Kopfschmerz entlang der Gb-Achse)

Leber-Blut regulieren

Le 3 (Erdpunkt), Bl 18 (Shu Le), Bl 17 (MP des Blutes), Mi 10 (Blutbildung), KG 6 (reguliert Qi), Gb 34 (MP der Sehnen und Bänder, reguliert das Le-Qi), Le 3 (reguliert Le-Qi-Fluss)

Loderndes Leberfeuer beruhigen

Le 2 (Sedierungspunkt), Le 5 (Luo) – Gb 40 (Yuan), Gb 1 (bluten lassen), Gb 20 (besänftigt Le-Yang bei Augen /Nackenproblemen)

Leber-Yin auffüllen

Mi 6 (Kreuzungspunkt von Ni, Le, Mi), Le 1 (Tingpunkt), KG 4 (allgemeiner Tonisierungspunkt)

Leberwind besänftigen

Gb 20 (beseitigt Wind-Hitze und Wind-Kälte), Le 2 (Sedierungspunkt), Le 3 (Erdpunkt), Le 14 (Mu Le), Di 4 (beseitigt Wind-Hitze), Dü 3 (vertreibt Wind aus dem LG)

Leber-Feuer-Husten

Bl 18 (Shu Le), Le 2 (Sedierungspunkt), Le 3 (Erdpunkt), Lu 7 (Luo, stellt absenkende Funktion wieder her)

Feuchte Hitze in Leber und Gallenblase ableiten

Le 14 (Mu Le), Di 11 (Feuchtigkeit ausleiten), Bl 18 (Shu Le), Bl 19 (Shu Gb), Le 2 (Sedierungspunkt Le), Mi 6, Mi 10 (stärkt die Mi, um Feuchtigkeit zu beseitigen), Le 5 (beseitigt in Kombination mit KG 3 Feuchte-Hitze), LG 9 (eliminiert Feuchte-Hitze aus dem Gb-Meridian), Gb 41 (Gürtelgefäß öffnen)

No-Gos/Notfallpunkte

No-Gos in der Akupunktur

- verboten in der Trächtigkeit: Di 4, Mi 6, Gb 21, Bl 60, (Bl 67) und alle Punkte, die im Bereich des Bauches und des Sakrums liegen, weiterhin Lu 7 (Öffner des Ren Mai) und Mi 4 (Öffner des Chong Mai)
- kein Moxa bei Fieber
- nur nadeln in lebensbedrohenden Situationen oder bei akut-chirurgischer Indikation
- Punktlokalisation in verletzten oder geschädigten Gebieten (Phlegmone, Verbrennungen, etc.)
- keine Akupunktur, wenn die Körperreserven erschöpft sind

Notfallpunkte

- Durchfall: Ma 25 und Ma 36
- Kolik: Di 4, Le 3, Ma 25
- Hitzschlag, Ohnmacht: He 9
- Asphyxie: LG 26
- Asthma: Ni 27 beidseitig, KG 22, KG 17
- Fieber: Er Jian – bluten lassen
- Verstopfung: 3E 6, Ma 25, Ma 37, Ma 24 (fördern die Darmentleerung und befeuchten die Därme); Di 4, Ma 36, Bl 25, Mi 15, Ma 44, Di 11, Ni 6 (bei Yin- und Flüssigkeitsmangel)
- zerstörtes Yang retten: Bl 23, Ma 36, Bl 28 und KG 3, Mi 9, Mi 6 – an allen Punkten Moxa, eher nicht nadeln
- Jing stärken: Bl 23 (Shu Ni), Ma 30 (Punkt der Lebenslust), Mi 6 (Kreuzungspunkt der drei Yin am Bein), Ni 3 (Komplexmittelpunkt der Niere), KG 4 (»Pass zum Ursprung«), KG 6 (»Meer des Qi«), Ni 12, Bl 30

Nadelung nach den Ba Guas

Kombinationsschema, z.B. bei Erkrankungen, Lahmheiten oder Schmerzen an den Extremitäten

Beispiel: Vorderhandlahmheit links			
Erkrankte Extremität	X	O	lokal betroffene Leitbahn
	O	O	
I. Partnerbein	O	X	Yin-Yang-gekoppelte Leitbahn
	O	O	
II. Diagonales Bein	O	O	Niveauachsen-gekoppelte Leitbahn
	O	X	
III. Gleichseitiges Bein*	O	O	Partnerniveau-Leitbahn
	X	O	
IV. Diagonales Bein	O	O	Organuhr-Nachbar-Leitbahn
	O	X	
V. Gleichseitiges Bein*	O	O	Ba Gua Ausgleich
	X	O	

O erkranktes Bein
X Nadelung am Bein
┆ Wirbelsäule
* alternativ oder in Ergänzung

Meridiane gemäß den Ba Guas

Le	Gb	He	Dü	Pc	3E	Mi	Ma	Lu	Di	Ni	Bl
Gb	Le	Dü	He	3E	Pc	Ma	Mi	Di	Lu	Bl	Ni
Pc	3E	Ni	Bl	Le	Gb	Lu	Di	Mi	Ma	He	Dü
Dü	He	Gb	Le	Ma	Ni	3E	Pc	Bl	Ni	Di	Lu
Lu	3E	Mi	Bl	Ni	Gb	He	Di	Le	Ma	Pc	Dü
Di	He	Gb	Mi	Ma	Ni	Dü	Pc	Bl	Le	3E	Lu

Orthopädischer Punkteeinsatz nach den Ba Guas

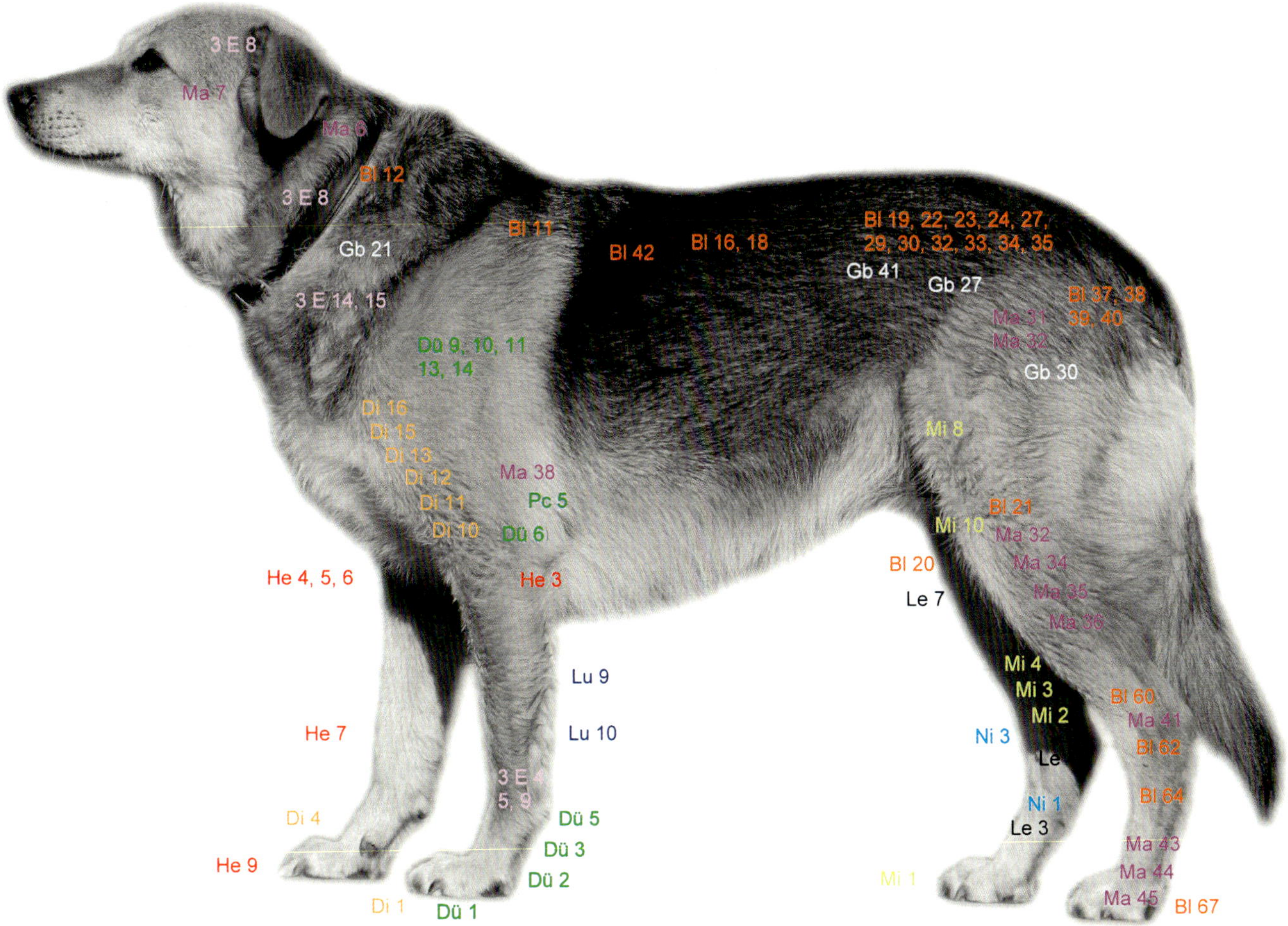

Nadelung nach den Ba Guas – Wie lese ich die Tabelle? Ein Beispiel

Ein Hund zeigt eine Lahmheit vorne links und eine Schwellung in Höhe des Karpalgelenks. Nach dem Abtasten zeigt sich der **Dünndarmmeridian** blockiert.

Vorgehensweise:

Prinzip I: Yin-Yang gekoppelte Leitbahn

Ausgleich erfolgt über Yin/Yang Partnermeridian (Zang Fu): Lu – Di, Ma – Mi, **He – Dü**, Bl – Ni, Pc – 3 E, Gb – Le. Genadelt wird kontralateral.

Prinzip II: Behandlung über die Niveauachsen

Yang-Achsen: Tai Yang (**Bl-Dü**), Yang Ming (Di-Ma), Shao Yang (3E-Gb).
Yin-Achsen: Tai Yin (Lu-Mi), Shao Yin (He-Ni), Jue Yin (Pc-Le). Die Nadelung geschieht auf der kontralateralen Seite.

Prinzip III: Partnerniveau der Leitbahnen

Abgelesen wird in der Organuhr der gegenüberliegende Partner (Mittags-Mitternachtsregel). Genadelt wird kontralateral oder homolateral.

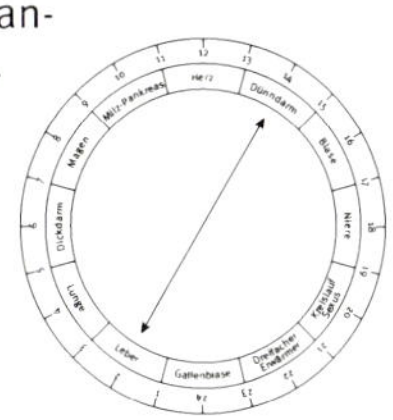

Prinzip IV: Organuhr-Nachbar

Die Partner der Organuhr sind festgelegt.
Der Partner des Dünndarms ist die **Blase**.
Genadelt wird am kontralateralen Bein.

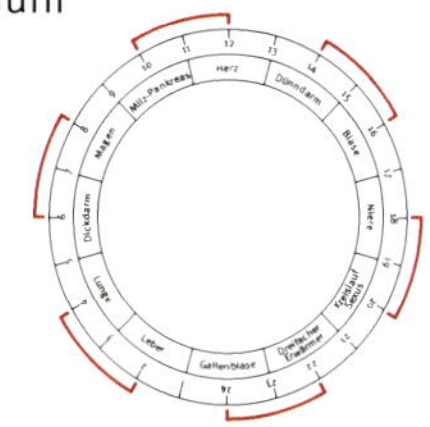

Prinzip V: Ba Gua Ausgleich

Handmeridiane balancieren Fußmeridiane in der korrespondierenden Schicht.

Hand Tai Yang **Dünndarm** balanciert Fuß Tai Yin **Milz**.

Tai Yang balanciert Tai Yin

Tai Yang	Tai Yin
(Dü Bl)	(Lu-Mi)
Hand-Fuß	Hand-Fuß

Shao Yang balanciert Shao Yin

Shao Yang	Shao Yin
(3E-Gb)	(He-Ni)
Hand-Fuß	Hand-Fuß

Yang Ming balanciert Jue Yin

Yang Ming	Jue Yin
(Di-Ma)	(Pc-Le)
Hand-Fuß	Hand-Fuß

Auflösung des Beispiels:

Vorne links	Vorne rechts
Dünndarm Lahmheit akut	**Herz (I)**
Leber (III) **Milz (V)**	**Blase (II)** **Blase (IV)**
Hinten links	Hinten rechts

Zur richtigen Punktewahl der betroffenen Meridiane verhilft Ihnen die vorangegangene Abbildung. In diesem Hundefoto finden Sie orthopädisch wirksame Therapiepunkte, die so eingezeichnet sind, dass Sie anhand der Anatomie den bestmöglichen Punkt zur betroffenen Körperregion finden können. In unserem Beispiel liegt die Lahmheit in Höhe des Karpalgelenkes. Es bietet sich an, ungefähr in diesem Bereich zu nadeln – durch »Spiegelung« des Gelenks auf das Hinterbein findet man dort die entsprechenden Punkte, also Höhe Tarsalgelenk. Beispielnadelung für diesen Fall: Dü 3, He 8, Bl 60, Bl 62, Le 3, Mi 4.

Die acht außerordentlichen Meridiane

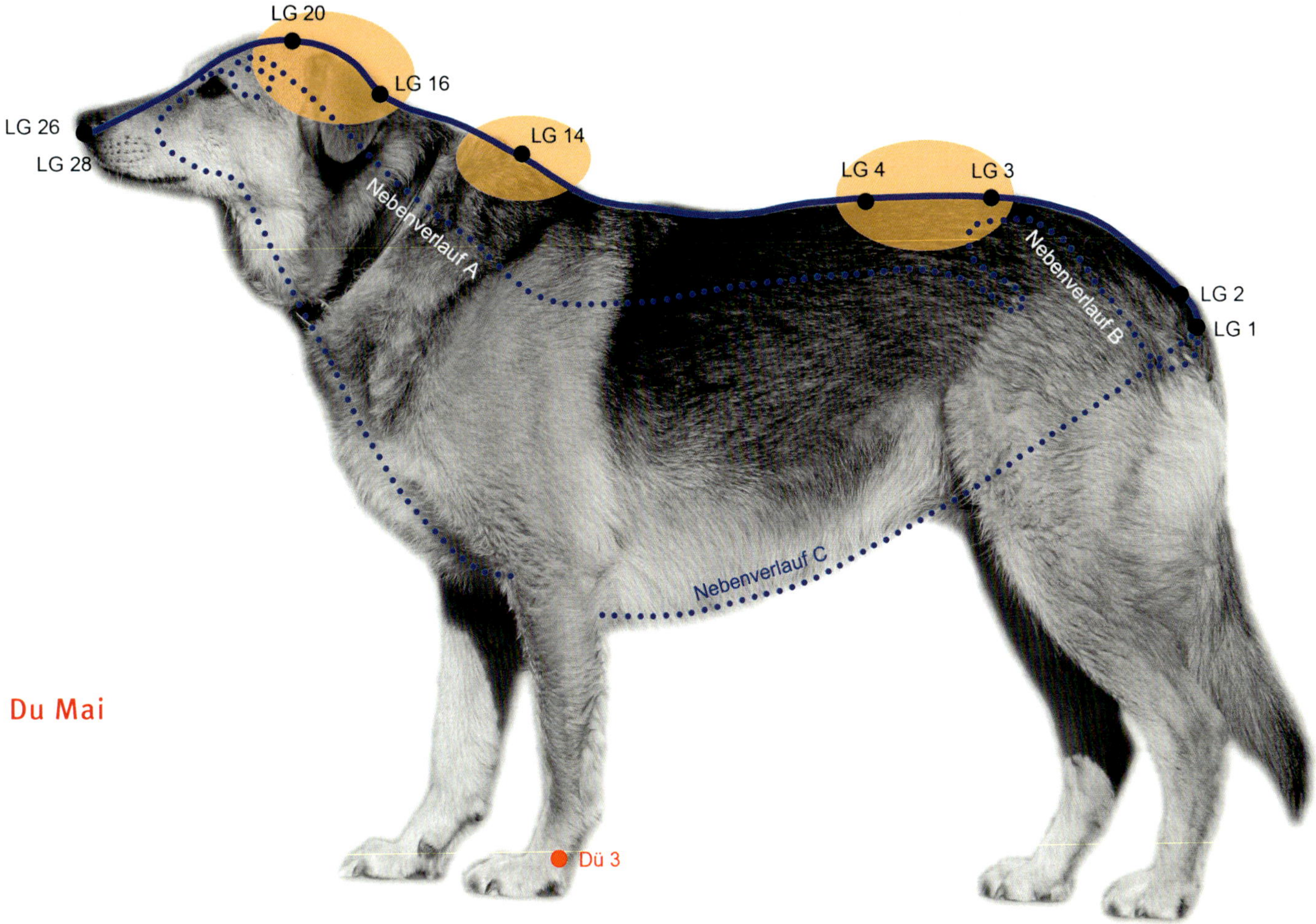

Du Mai

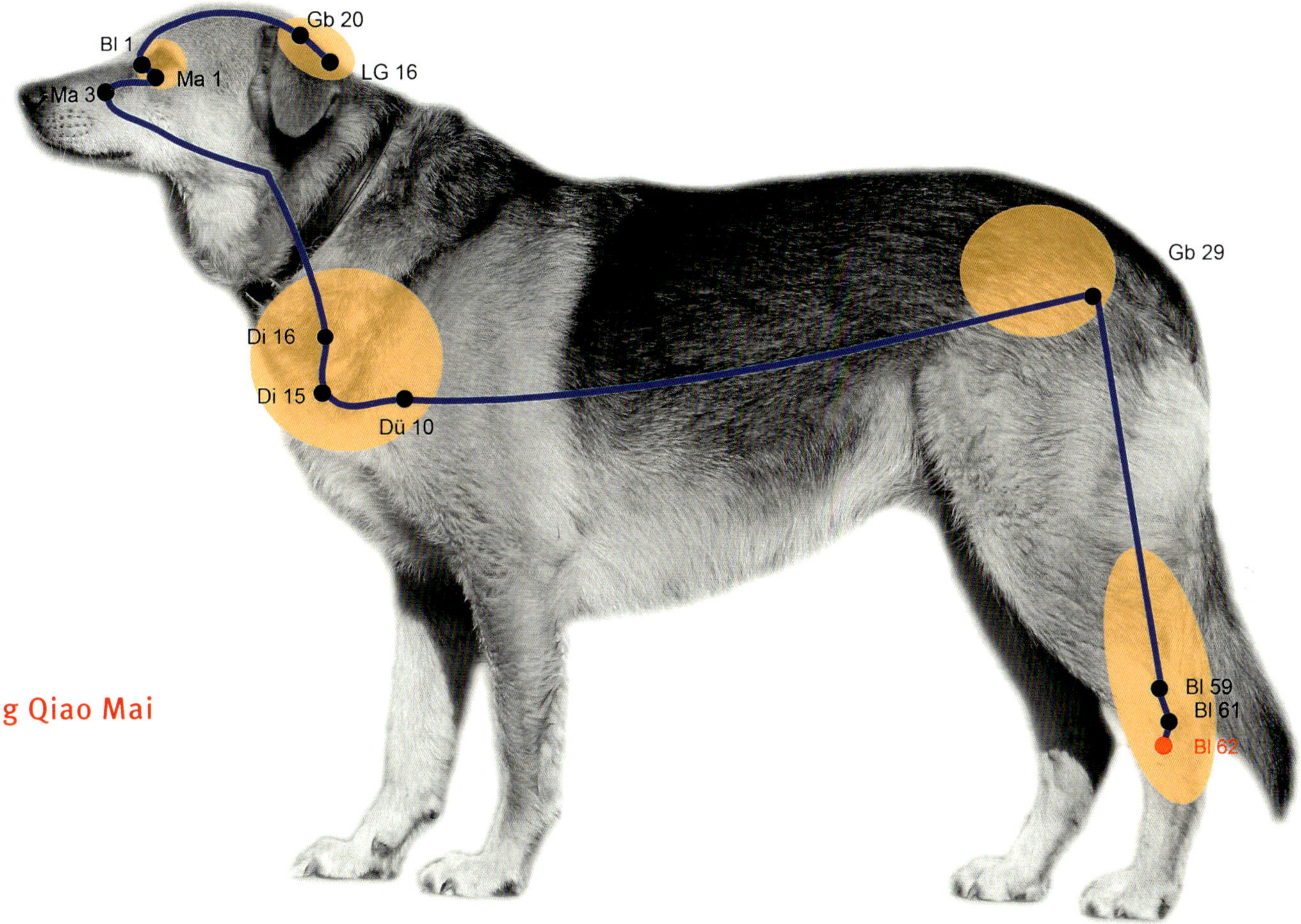

Yang Qiao Mai

Du Mai (Lenkergefäß)

Öffner: Dü 3

Physiologie und Pathologie

- wird auch als »**See des Yang**« bezeichnet
- ernährt und stärkt die Lenden sowie den **Rücken** und kann eingesetzt werden bei Schmerzen und Steifheit der Wirbelsäule und Problemen im hinteren Becknbereich
- stärkt das Nieren-Yang
- ernährt das Gehirn, unterstützt die Konzentrationsfähigkeit und die Speicherfähigkeit
- bei einer Leere des Du Mai kommt es bei männlichen Tieren zu mangelnder **Libido, Impotenz oder Sterilität**. Bei weiblichen Tieren sieht man chronischen weißen **Ausfluss**, uterinen **Prolaps**, chronische **Blasenschwäche** und **Hämorrhoiden**. Die Tiere sind oft müde und zeigen eine körperliche Erschöpfung sowie eine Abneigung gegen Kälte
- bei nächtlichem Schwitzen, Schmerzen in der Oberlinie, bei Kälteerkrankungen, taubem Gefühl in den Gliedmaßen (Nieren-Yang- Mangel)
- bei Mangel können **Depressionen**, Kopfschmerz, **Verhaltensstörungen** und Erkrankungen der Sinnesorgane auftreten
- bei Leere, Mangel oder Störungen kommen Erkrankungen wie Anurie, **Obstipation, Inkontinenz** oder Schmerzen im Kehlkopf, dem Zahnfleisch und den Stirnhöhlen vor
- bei **innerem Wind** (Tetanie, Epilepsie, Krämpfe, Spannung und Zittern der Gliedmaßen
- bei **Angriff von äußerem Wind** oder **Wind-(Hitze-) Erkrankungen** (steifer Nacken, Fieber)

Yang Qiao Mai (Yang Fersengefäß)

Öffner: Bl 62

Physiologie und Pathologie

- geht vom Hauptmeridian der Blase aus
- starker Einfluss auf **Kopf, Gesicht und Augen**
- bei Folgen einer **Asymmetrie der Hinterbeine**
- behandelt externen Wind (Facialisparese)
- bei **innerem Wind** (Schlaganfall, halbseitige Lähmungen, plötzliche Taubheit, Hypertonie, starker Schwindel, Epilepsie)
- bei generalisierter Hyperästhesie und Schwitzen v.a. im Kopfbereich
- ist die Yang-Energie zu stark, werden die **Augen stets offen** gehalten; es erfolgt kein Lidschlag zur Befeuchtung

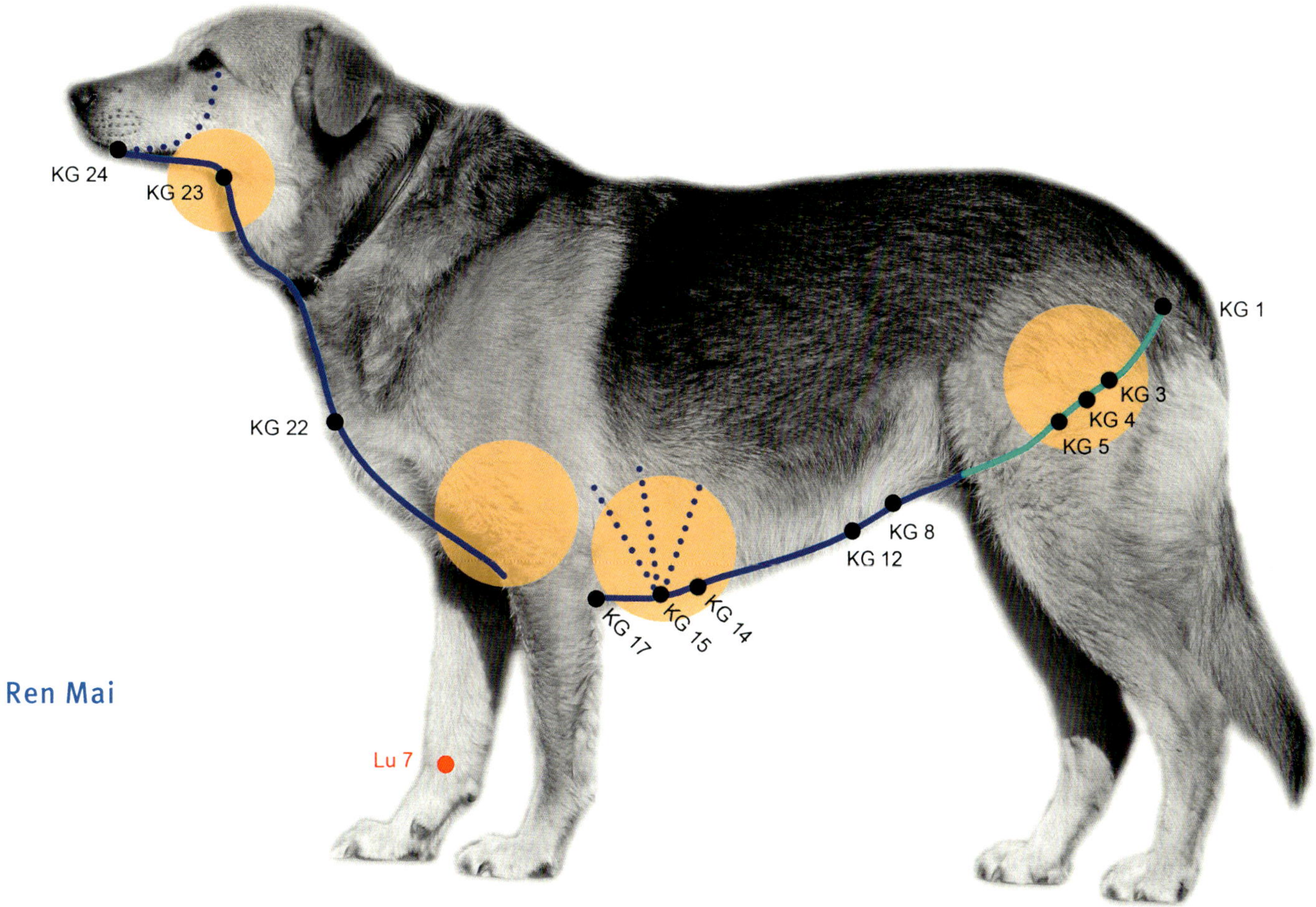
KG 24
KG 23
KG 22
KG 17
KG 15
KG 14
KG 12
KG 8
KG 5
KG 4
KG 3
KG 1
Ren Mai
Lu 7

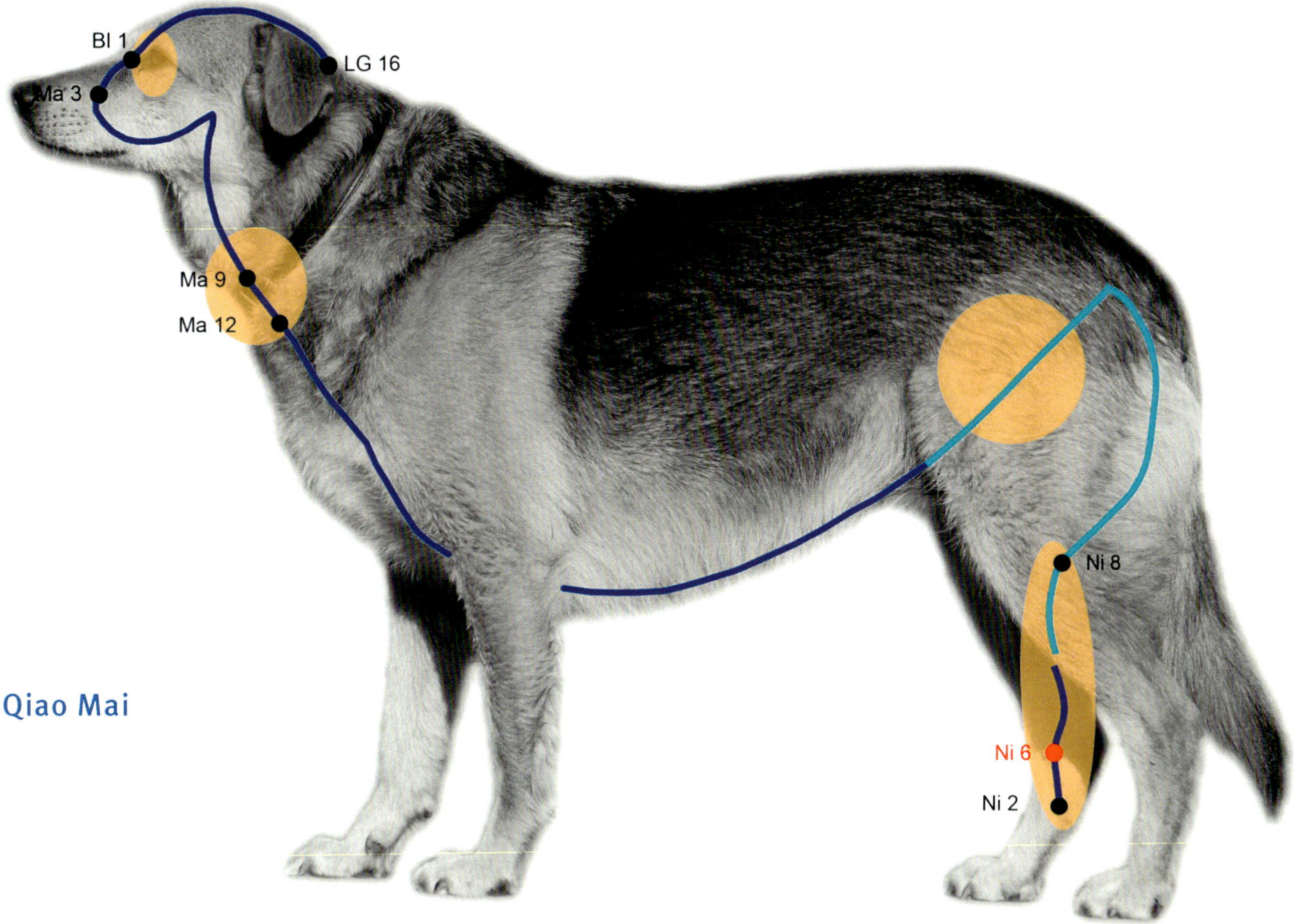

Yin Qiao Mai

Ren Mai (Konzeptionsgefäß)

Öffner: Lu 7

Physiologie und Pathologie

- wird auch als »**See des Yin**« oder »Nährer des Yin« bezeichnet
- sehr wichtig für die sexuelle Reifung
- »**Knotenpunkt der 3 Yin**«: hier konzentriert sich die Yin-Energie der Yin-Meridiane der Vorhand und der Hinterhand (Knotenpunkte sind: KG 12 = Tai Yin, KG 18 = Jue Yin, KG 23 = Shao Yin)
- fördert den freien Fluss des Qi im Bereich des **Beckens** sowie des Qi im oberen und im mittleren Erwärmer
- ist mit dem Chong Mai zusammen für das **Zyklusgeschehen**, die **Fruchtbarkeit, Konzeption** und **Trächtigkeit** verantwortlich, wobei der Chong Mai für die Verteilung des Blutes und der Ren Mai für die Aufteilung des Qi verantwortlich ist
- kommt bei Schmerzen und Schwellungen an den Geschlechtsorganen ebenfalls zum Einsatz (Myome, Eierstockszysten, Tumore im Becken)
- Psychologische Wirkung bei **Trauer** und **Kummer**
- auch bei Asthma

Yin Qiao Mai (Yin-Fersengefäß)

Öffner: Ni 6

Physiologie und Pathologie

- fördert und regelt den **Fluss des Yin**
- bei inneren Blockaden mit verlangsamter Bewegung des Yang
- verläuft über die Genitale, beeinflusst gynäkologische Probleme, bei Blockaden im abdominalen und Beckenbereich
- besitzt eine enge Verbindung zum Nierenmeridian
- ernährt den Kehlkopf
- ernährt die Augen; ist die Yin-Energie zu stark, werden die **Augen geschlossen** gehalten, es kommt zur **Somnolenz**
- entspannt vor allem die inneren Bereiche der Hintergliedmaße
- bei **Nieren- und Blasenproblemen**
- bei Bewegungsstörungen, Lähmungen, Muskelatrophien, Muskelverkrampfungen; entspannt vor allem die inneren Bereiche der Hintergliedmaße
- Behandlung der Innen- und Außenmuskeln aufgrund **einseitiger Spasmen**, Muskelkrämpfe oder Verkalkungen im Bereich der Muskelansätze. **Wichtig**: Yang Qiao Mai mitbehandeln, um Yang entsprechend zu fördern. Bilaterale Nadelung: atrophische Seite tonisierend, die Fülle-Seite sedierend
- bei Tendovaginitis, Bursitis v.a. bei älteren Tieren aufgrund arthrotischer Prozesse
- bei gynäkologischen Fülle-Problemen, wie z.B. Pyometra, Gelbkörper persistens

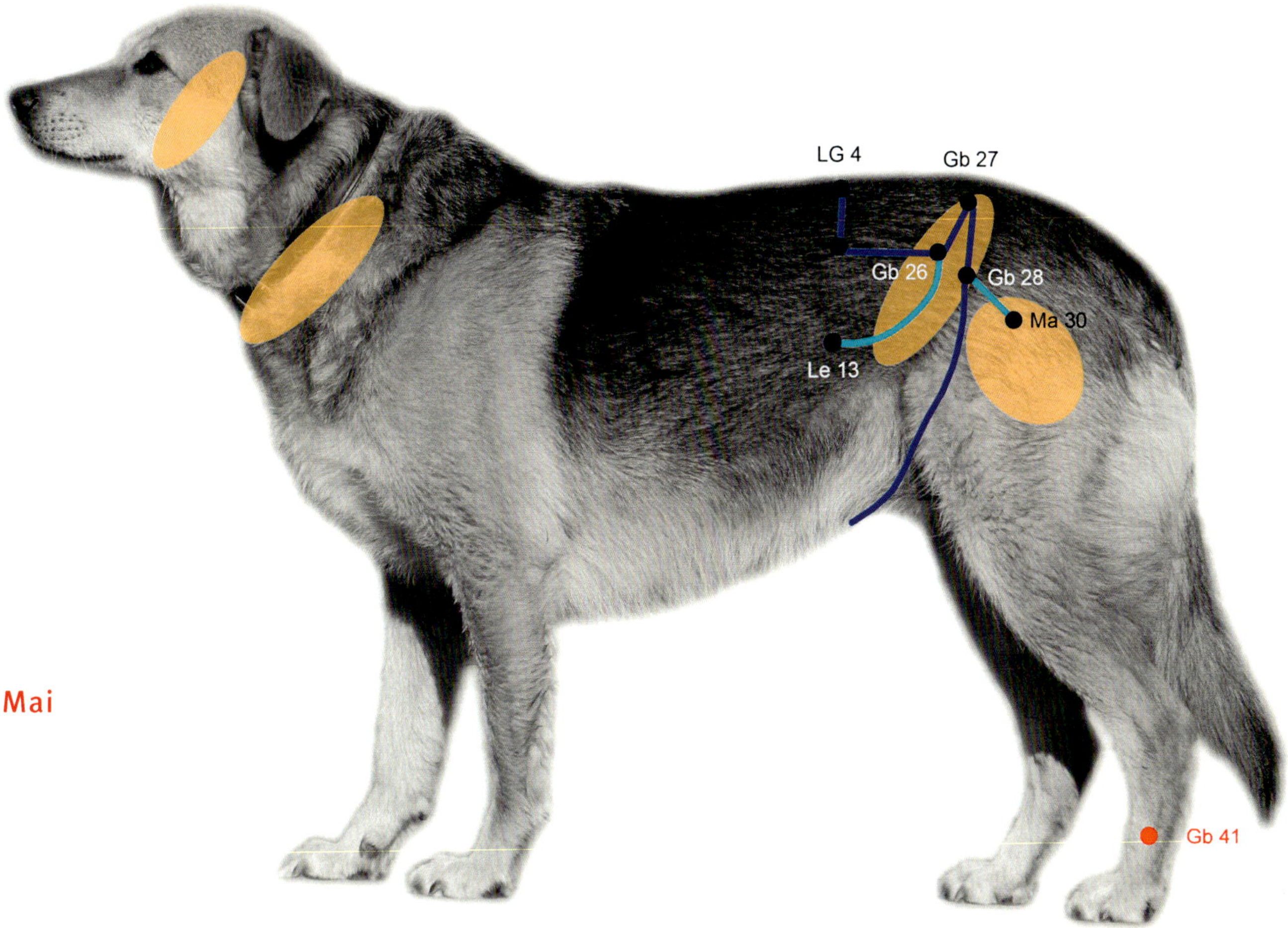

Dai Mai

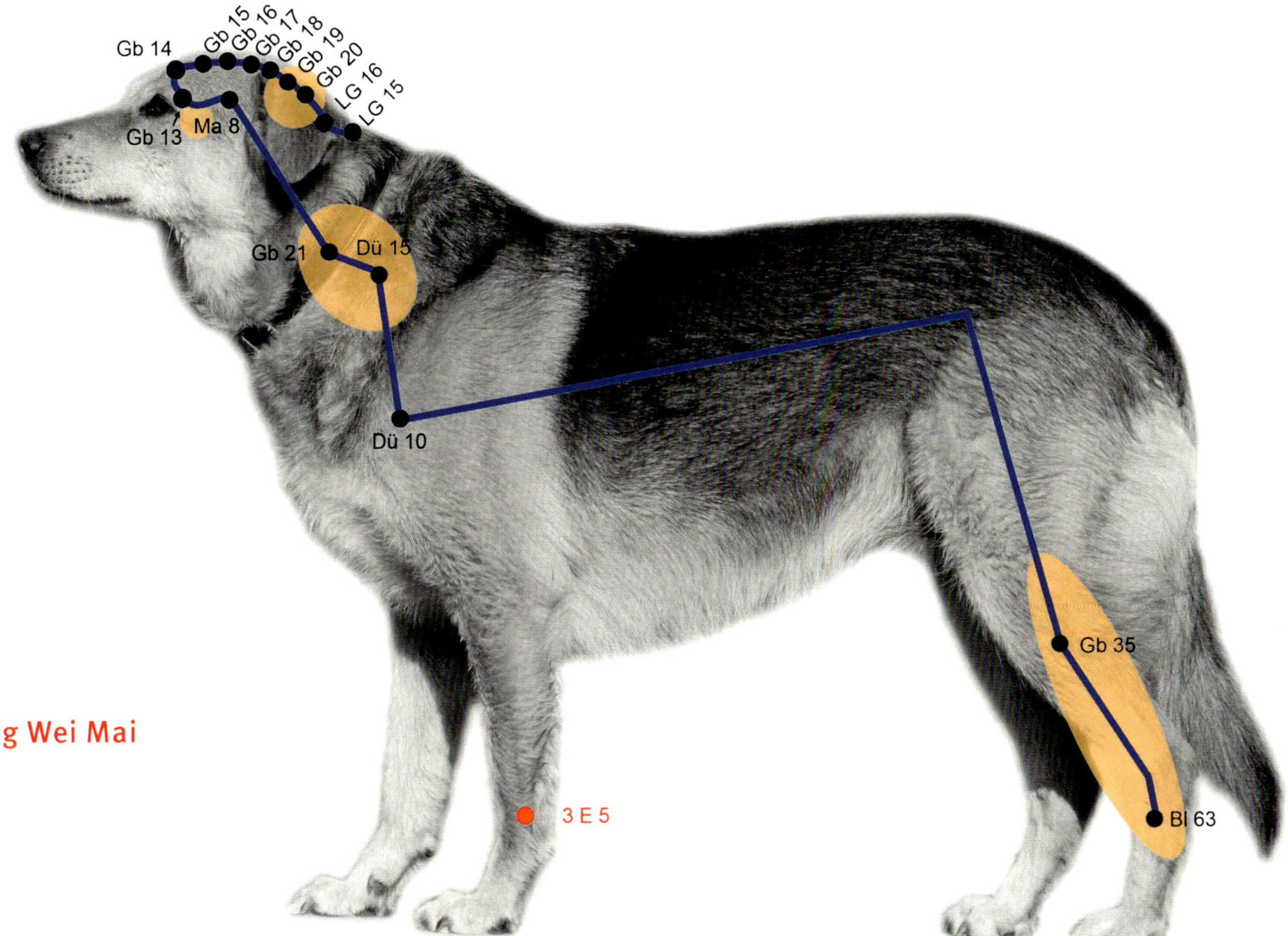
Gb 14
Gb 15
Gb 16
Gb 17
Gb 18
Gb 19
Gb 20
LG 16
LG 15
Gb 13
Ma 8
Gb 21
Dü 15
Dü 10
Gb 35
Bl 63
3 E 5

Yang Wei Mai

Dai Mai (Gürtelgefäß)

Öffner: Gb 41

Physiologie und Pathologie

- zur **Harmonisierung von Leber und Gallenblase**
- stellt einen **Energieausgleich der Mitte** her (Erschöpfungszustände nach schwerer körperlicher Leistung)
- durch seinen Verlauf beeinflusst er besonders den Qi-Fluss des Magen-Meridians
- umfließt die Taille und hat großen Einfluss auf die Hüfte und die **Bewegung der Hinterhand**
- kann zur Vertreibung von **Nässe-Hitze-Mustern der Genitalien** und der **Blase** verwendet werden
- **Blockaden des Magenmeridians**: rebellierendes Magen-Qi, Hitze, Fülle im Magen, falsche Hitze im Magen. Großer Einfluss auf den Energiefluss der Därme: bei Koliken, Colitis, Magenüberladung, Gastroenteritiden und Peritonitiden
- bei Muskelatrophie der Hinterhand
- wirkt regulierend und harmonisierend bei **Stress**, Depressionen und bei **Aggressivität** (Fülle-Muster der Leber)

Yang Wei Mai (Yang-Haltegefäß)

Öffner: 3E 5

Physiologie und Pathologie

- steht mit allen Yang-Meridianen in Verbindung: Tai Yang, Yang Ming, Shao Yang
- klassisch behandelt dieser Meridian **akute, durch äußere Wind-Kälte verursachte Erkrankungen** (Fieber, Schüttelfrost), in dem er Ying Qi und Wei Qi stärkt
- wirkt auf die **Ohren**
- bei abnormer Aktivität, z.B. Fliegenschnappen
- bei **Hauterkrankungen generell**, aber auch bei Ekzemen im Meridianverlauf (z. B. seitlich am Kopf)
- bei **chronischem Wind in der Muskulatur**, wie z.B. Spasmen oder krampfartigen Bewegungen
- bei **Blockaden der Schulter**
- bei Schmerzen im Verlauf des Gb-Meridians, an der Außenseite des Beines, **der seitlichen Rippe** und im lateralen Nackenbereich
- bei Tinnitus, Taubheit, durch aufsteigendes Leber-Feuer

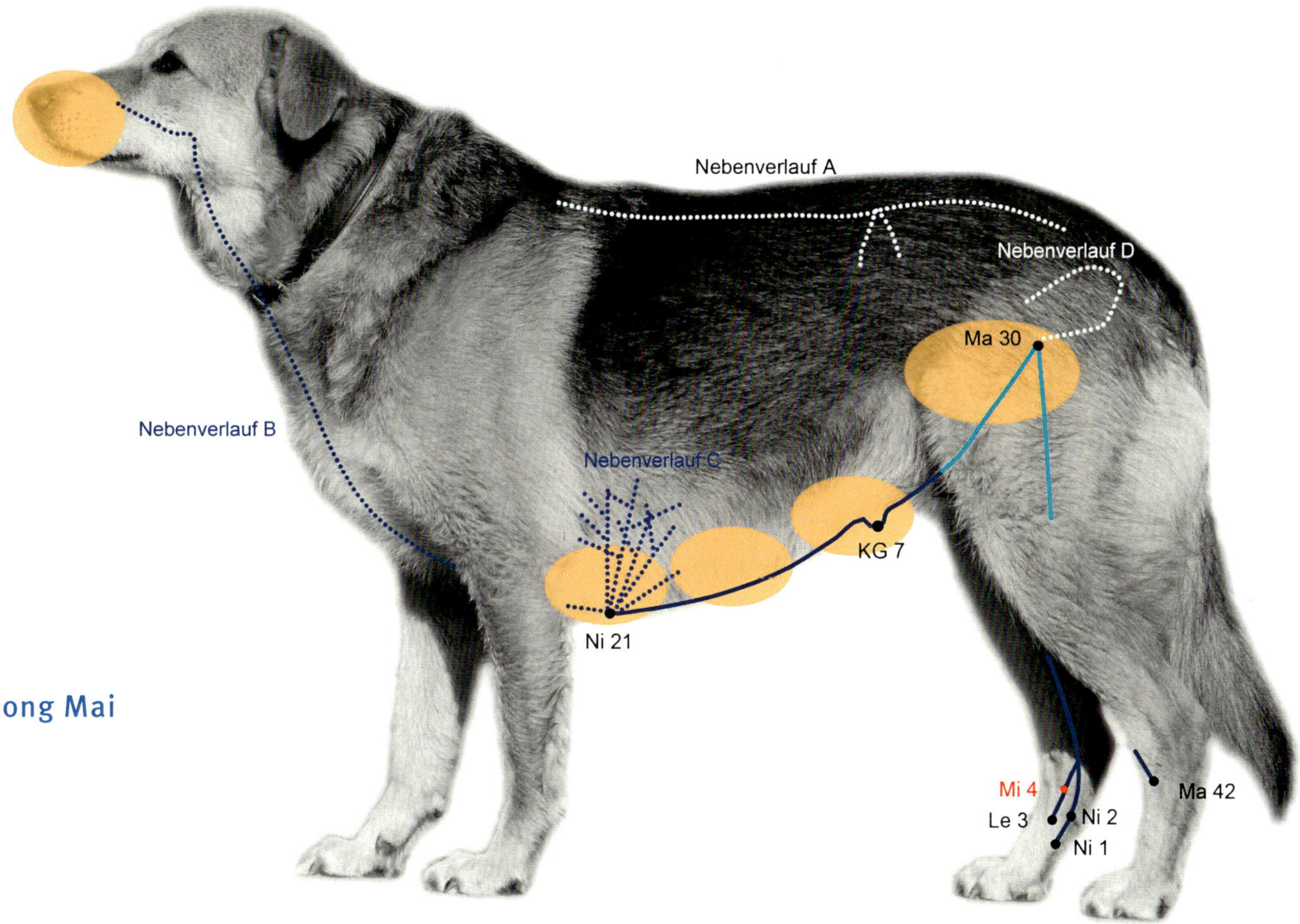
Nebenverlauf A
Nebenverlauf D
Ma 30
Nebenverlauf B
Nebenverlauf C
KG 7
Ni 21
Mi 4
Le 3
Ni 2
Ni 1
Ma 42

Chong Mai

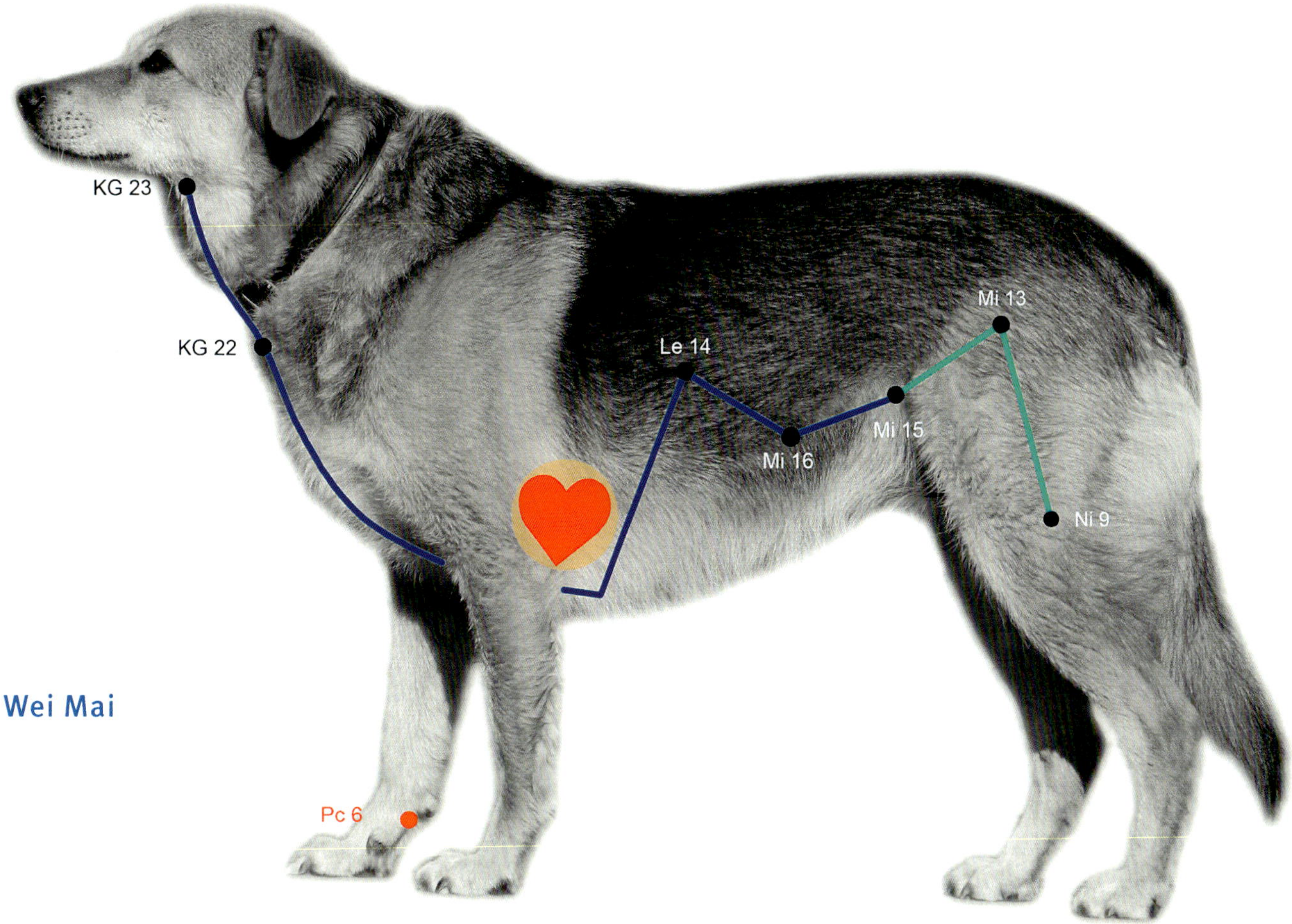

Yin Wei Mai

Chong Mai (Penetrationsgefäß)

Öffner: Mi 4

Physiologie und Pathologie

- entspringt direkt aus dem Ming Men und wird als der **Ursprung** aller anderen außerordentlichen Meridiane angesehen. Weiterhin trägt er die Bezeichnung »See der 12 Meridiane« und »**See des Blutes**« (zusammen mit Ma 39, Ma 37 und Bl 11)
- ist verantwortlich für die Verteilung von Qi und Blut im Körper
- **verbindet pränatales und postnatales Jing über Ma 30**
- versorgt den **Uterus mit Blut**
- bei allen Arten von Blut-Stagnation, auch der Gebärmutter: Der Embryo kann sich **nicht »festhalten«**
- bei Blutpathologien wie Hämorrhagien, Blutstau im Kopf, stagnierendem Herz-Blut, etc.
- hat eine enge Verbindung zum **rebellischen Qi**. Das Qi rebelliert und bewegt sich im 3E nach oben. So entsteht ein Gefühl der Fülle in den drei Bereichen, begleitet von Angst in der Brust mit eventueller Übelkeit, Dyspnoe, Schmerz entlang des Meridianverlaufs, Kältegefühl in den Extremitäten bei warmem Kopf
- wenn Nieren-Yang und -Yin gleichzeitig erkankt sind (nächtliche Schweißausbrüche, Hitze-Gefühl bei kalten Extremitäten, Asthenie und Schlafstörungen) kann über den Chong Mai mitbehandelt werden
- bei Wechselerkrankungen (Nue), d.h. bei Erkrankungen mit Wechsel von Hitze und Kälte, wie z.B. Malaria, Brucellose, Piroplasmose, etc.

Yin Wei Mai (Yin Haltegefäß)

Öffner: Pc 6

Physiologie und Pathologie

- verbindet **alle 3 Yin-Schichten**: Tai Yin, Shao Yin, Jue Yin
- wirkt auf die **Psyche**
- Einsatz bei **Panik, Angst, Depression** und in hyperemotionalem Zustand
- bei Gefühl von thorakaler Fülle und Stagnation in Brust und Kehlkopf
- bei abdominalen Symptomen mit Fülle im Bereich des mittleren 3E
- Einsatz auch bei Kopfschmerz und Schmerzen im Lendenbereich nach Stress und Schock
- eine stabilisierende Nadelungstechnik ist die sogenannte »**Schildkröte**«. Sie verleiht Stabilität zwischen oben und unten und sorgt für ein Anhaften der vier Gliedmassen am Erdboden: Yang Wei Mai (3E 5) – Yin Wei Mai (Pc 6) – Yang Qiao Mai (Bl 62) – Yin Qiao Mai (Ni 6). Die jeweils gekoppelten Öffner liegen sich gegenüber

Zum Schluss/Literaturverzeichnis/Impressum

Zum Schluss

Ich möchte mich bei allen Menschen bedanken, die die Anstöße zu diesem Wissens-Kompendium gaben. Während der Unterrichtszeit als Dozentin sieht man die Fehler und Schwächen der Auszubildenden und so entstand die Idee, genau für diese Unsicherheiten eine praktikable Hilfe anzubieten. Ich hoffe, jede(r) von euch wird sich darin wiederfinden.
Ein großes Dankeschön geht an Martina Hennings, Bergenhusen, die mich bei allen Hundefotos und -zeichnungen tatkräftig unterstützte und sich mit meinen Verbesserungswünschen etliche Stunden um die Ohren geschlagen hat. Besonders stolz bin ich auf die grafische Darstellung der acht außerordentlichen Meridiane. Danke an Ute Ochsenbauer, meine Mentorin und Lektorin meines zweiten und dritten Projektes. Danke an meine Familie und Assistentin Christine Wielert für das unermüdliche Durchlesen auf Fehlersuche. Und ebenfalls Danke an die Grafikerin Ulrike Heinichen für die gute Zusammenarbeit.

Literaturverzeichnis

Die 8 außerordentlichen Gefäße in der traditionellen chinesischen Medizin, Barbara Kirschbaum, ML Verlag, ISBN 88136-173-1

Leitfaden Chinesische Medizin, Claudia Focks Norman Hillenbrand, Urban & Fischer, ISBN 3-437-56481-1

Eigene Daten und Vorlesungen

Impressum

ISBN 978-3-943116-02-1
Verlag Phoenix & Drache, Busdorf

Herausgeber:
Dr. med.vet. Susanne Hauswirth

Fotos: Martina Hennings, Bergenhusen, istockphoto.com Titel, (S. 24, 32), panthermedia.net (S. 29, 28)
Layout: Ulrike Heinichen, Kiel
Druck: L&S Digital GmbH & Co. KG, Kiel
Printed in Germany 2015

Verlag Phoenix & Drache
Fachverlag für Tiernaturheilkunde
Thorshammer 11
24866 Busdorf
Tel. +49 (0) 4621 8555559
info@susannehauswirth.de
www.susannehauswirth.de

Bereits im Verlag Phoenix & Drache erschienen

90 Seiten, farbig, Spiralbindung
ISBN 978-3-943116-00-7, €28,90

62 Seiten, farbig, Spiralbindung
ISBN 978-3-943116-01-4, €28,90

Zusätzlich erhältlich und bestellbar unter www.susannehauswirth.de

- unsere Fertigrezepturen – für Sie in unserem Shop bestellbar
- der Testkasten zu unseren Kräuterrezepturen – zur kinesiologischen Austestung

Notizen

Notizen